高职高专“十三五”规划教材

工业机器人原理与应用

主　编　席仲雨　周峻水
副主编　王　伟　王　京
参　编　杜　磊　张铁佳　徐　岩
　　　　田　耘

机 械 工 业 出 版 社

本书内容主要包括机器人概述、工业机器人的认知、工业机器人的基本操作、工业机器人在自动生产线上的应用、工业机器人在汽车生产线上的典型应用、工业机器人的系统安全和工业机器人技能人员的培训。本书引用了大量的企业生产实例，内容新颖、通俗易懂。

本书可作为高职高专院校、职业大学汽车制造专业、机电类相关专业的教材，也可作为工程技术人员的参考书。

本书配有电子课件，凡使用本书作为教材的教师，可登录机械工业出版社教育服务网（www.cmpedu.com）注册后免费下载。咨询电话：010-88379375。

图书在版编目（CIP）数据

工业机器人原理与应用/席仲雨，周峻水主编. —北京：机械工业出版社，2019.6

高职高专“十三五”规划教材

ISBN 978-7-111-63540-6

Ⅰ.①工…　Ⅱ.①席…②周…　Ⅲ.①工业机器人-高等职业教育-教材　Ⅳ.①TP242.2

中国版本图书馆 CIP 数据核字（2019）第 185754 号

机械工业出版社（北京市百万庄大街 22 号　邮政编码 100037）

策划编辑：王海峰　责任编辑：张双国　王海峰　张丹丹

责任校对：张晓蓉　封面设计：鞠　杨

责任印制：李　昂

唐山三艺印务有限公司印刷

2019 年 10 月第 1 版第 1 次印刷

184mm×260mm · 8.75 印张 · 214 千字

0001—1900 册

标准书号：ISBN 978-7-111-63540-6

定价：29.00 元

电话服务　　　　　　　　　　　　网络服务

客服电话：010-88361066　　机　工　官　网：www.cmpbook.com

　　　　　010-88379833　　机　工　官　博：weibo.com/cmp1952

　　　　　010-68326294　　金　书　网：www.golden-book.com

封底无防伪标均为盗版　　　机工教育服务网：www.cmpedu.com

前　言

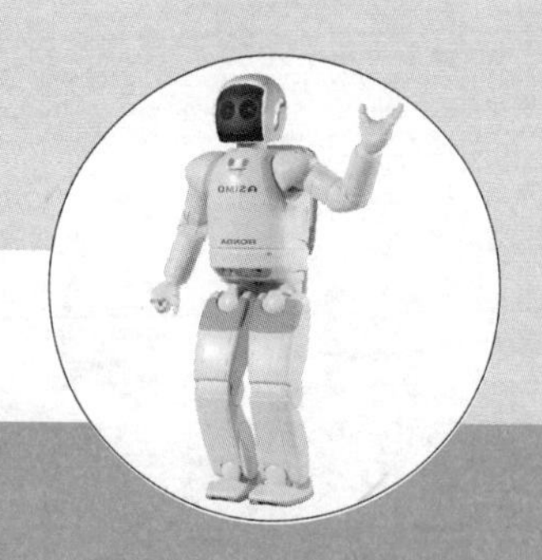

工业机器人是实现柔性自动化的基础设施，越来越灵活的机器人产品满足了工厂的需求，有利于加快企业对市场的响应速度。

随着机器人技术的不断成熟，一方面，机器人的精度越来越高，加上物联网连接功能的提升，使得机器人成为工业数字化转型中的关键角色；另一方面，机器人正在变得越来越简单化，对于缺乏技术工程师的企业来说，易于编程的机器人才是他们所需要的，而简化后的机器人更容易开发出智能制造解决方案。易于使用的机器人可以很容易地集成到生产过程中，使工业机器人在许多行业得以应用，并继续维持高效和灵活的生产。

本书全面梳理了工业机器人的发展沿革，详细讲解了工业机器人的原理，列举了大量的工业机器人的应用实例，整理了工业机器人技术培训体系，可为从业者打下良好的工作基础。全书分为7个项目，项目1介绍机器人的起源、应用和发展趋势；项目2介绍工业机器人的定义、分类、发展过程、组成和技术参数；项目3介绍工业机器人的坐标系、基本编程、通信等基本操作；项目4介绍工业机器人在自动生产线上的应用；项目5介绍汽车冲压、焊装、涂装和总装线上工业机器人的应用案例；项目6介绍工业机器人的系统安全；项目7介绍工业机器人技能人员的培训。

本书由席仲雨、周峻水任主编，王伟、王京任副主编，由席仲雨统稿、定稿。本书的编写分工为：北京电子科技职业学院王京、田耘编写项目1，重庆理工大学王伟编写项目2，北京市西城经济科学大学席仲雨编写项目3，北京奔驰汽车有限公司周峻水编写项目4、项目5，北京市西城经济科学大学杜磊编写项目6，北京市西城经济科学大学张铁佳、徐岩编写项目7。

在本书编写过程中，得到了北京电子科技职业学院、重庆理工大学、北京市西城经济科学大学领导、老师以及北京奔驰汽车有限公司的无私帮助，在此深表感谢！

由于编者水平有限，书中难免有疏漏之处，敬请读者批评指正。

编　者

目　录

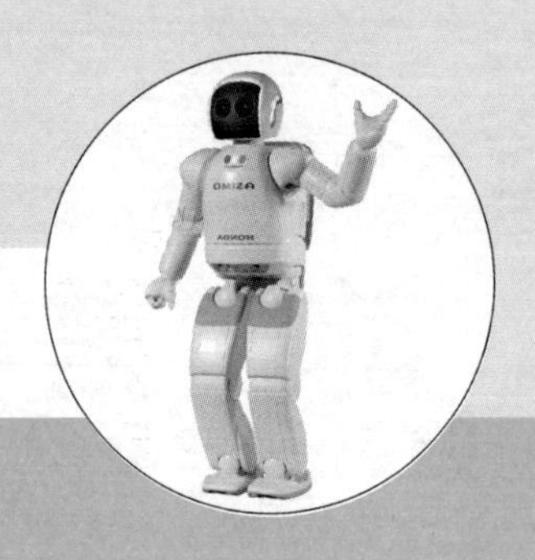

前言
项目 1　机器人概述 …… 1
1.1　起源 …… 1
1.2　应用 …… 5
1.3　发展趋势 …… 6
项目 2　工业机器人的认知 …… 9
2.1　定义 …… 9
2.2　分类 …… 10
2.3　发展过程及工作原理 …… 14
2.4　组成 …… 14
2.5　技术参数 …… 32
项目 3　工业机器人的基本操作 …… 37
3.1　基本知识 …… 37
3.2　坐标系 …… 42
3.3　基本编程 …… 49
3.4　通信 …… 76
3.5　扩展功能 …… 76
项目 4　工业机器人在自动生产线上的应用 …… 83
4.1　弧焊机器人系统 …… 83
4.2　点焊机器人系统 …… 86
4.3　机器人包边系统 …… 92
4.4　机器人涂胶系统 …… 96
4.5　搬运机器人系统 …… 98
4.6　机器人 Arplas 焊接系统 …… 101
4.7　激光钎焊机器人系统 …… 103
4.8　自冲铆接机器人系统 …… 110
项目 5　工业机器人在汽车生产线上的典型应用 …… 115
5.1　冲压 …… 115
5.2　焊装 …… 117
5.3　涂装 …… 120
5.4　总装 …… 121
项目 6　工业机器人的系统安全 …… 123
6.1　安全规程 …… 123
6.2　操作规程 …… 124
6.3　环境保护 …… 126
项目 7　工业机器人技能人员的培训 …… 127
7.1　基础培训模块 …… 127
7.2　高级培训模块 …… 130
7.3　培训晋升体系 …… 133
参考文献 …… 135

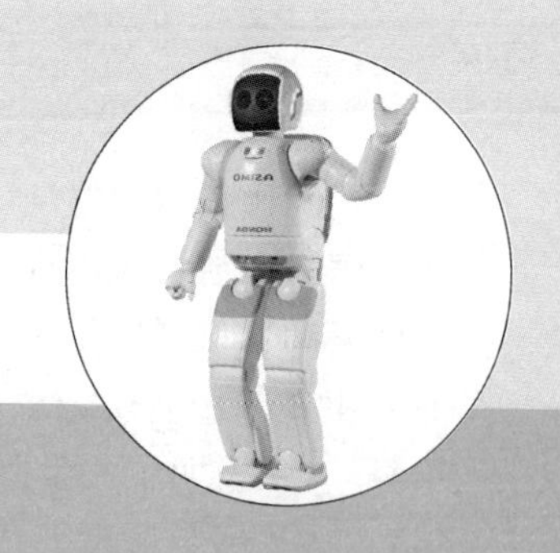

项目1 机器人概述

1.1 起源

机器人的问世不仅改变了人们的生活、工作方式，也加快了社会发展的进程。机器人应用的全面普及，使人类社会迈进了智能化控制时代。在制造业中，工业机器人甚至已成为不可缺少的核心装备。

1. 定义

机器人问世已有几十年，但目前仍没有一个统一、严格、准确的定义。联合国标准化组织采纳了美国机器人工业协会（Robot Industrial Association，RIA）给出的定义：机器人是一种用于移动各种材料、零件、工具或专用装置，通过可编程序动作来执行各种任务并具有编程能力的多功能机械手。日本工业机器人协会（Japanese Industrial Robot Association，JIRA）给出的定义是：机器人是一种带有存储器件和末端操作器（End Effector，也称手部，包括手爪、工具等）的通用机械，它能够通过自动化的动作替代人类劳动。

日本著名学者加藤一郎提出机器人的三要素：①具有脑、手、脚等要素的个体；②具有非接触（如视觉、听觉等）传感器和接触传感器；③具有用于平衡和定位的传感器。

我国科学家对机器人的定义是：机器人是一种自动化的机器，所不同的是这种机器具备一些与人或生物相似的智能，如感知、规划、动作和协同等，是一种具有高度灵活性的自动化机器。

一般来说，机器人应该具有以下三大特征：

（1）拟人功能　机器人是模仿人或动物肢体动作的机器，能像人那样使用工具。因此，数控机床和汽车不是机器人。

（2）可编程　机器人具有智力或感觉与识别能力，可随工作环境的变化进行再编程。普通电动玩具没有感觉和识别能力，不能再编程，因此不是机器人。

（3）通用性　一般机器人在执行不同作业任务时，具有较好的通用性，例如更换末端操作器即可使机器人执行不同的任务。

2. 发展史

机器人的起源要追溯到3000多年前。“机器人”是存在于多种语言和文字的新造词，它体现了人类长期以来的一种愿望，即创造出一种像人一样的机器或人造人，以便能够代替人去进行各种工作。直到40多年前，“机器人”才作为专业术语加以引用，然而机器人的概念在人类的想象中却已存在3000多年了。

在我国，西周时期（公元前1046年—前771年），偃师研制出了能歌善舞的伶人，这是我国最早涉及机器人概念的记录。春秋时代（公元前770年—前476年）后期，鲁班利用竹子和木料制造了一只木鸟（图1-1），这只木鸟能在空中飞行“三日不下”（这件事在古书《墨经》中有所记载），可称得上是世界第一个空中机器人。东汉时期（公元25年—220年），人们发明了测量路程用的“记里鼓车”（图1-2）。三国时期的蜀汉（公元221年—263年），诸葛亮制造出了“木牛流马”（图1-3），用来运送粮食，成为最早的陆地军用机器人。

图1-1　制造木鸟

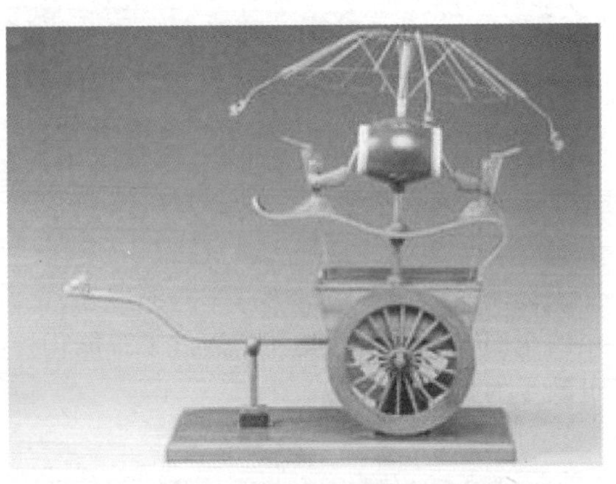

图1-2　记里鼓车

在国外，也有一些国家较早进行了机器人的研制。公元前3世纪，古希腊发明家戴达罗斯用青铜为克里特岛国王迈诺斯制造了一个守卫宝岛的青铜卫士塔罗斯。公元前2世纪，古希腊人发明了一个机器人，它用水、空气和蒸汽压力作为动力，能够动作，会自己开门，可以借助蒸汽唱歌。1662年，日本竹田近江利用钟表技术发明了能进行表演的自动机器玩偶；到了18世纪，日本若井源大卫门和源信对该玩偶进行了改进，制造出了端茶玩偶（图1-4）。1738年，法国杰克·戴·瓦克逊发明了一只机器鸭（图1-5），它会“嘎嘎”叫，会游泳和喝水，还会进食和排泄。瑞士皮埃尔·雅奎特—德罗兹（Pierre Jaquet-Droz）父子3人于1768—1774年间，设计制造出3个真人大小的机器人——写字偶人、绘图偶人和弹琴偶人（图1-6），它们是由凸轮控制和弹簧驱动的自动机器，至今被保存在瑞士纳沙泰尔艺术和历史博物馆内。

图1-3　木牛流马（2010年四川复原作品）

机器人一词是1920年由原捷克斯洛伐克作家卡雷尔·恰佩克在他的讽刺剧《罗素姆万能机器人》中首先提出的，剧中描述了一个与人类相似但能不知疲倦工作的机器奴仆Robot。从那时起，Robot一词就被沿用下来，中文译为机器人。

1942年，美国科幻作家艾萨克·阿西莫夫在他的科幻小说《我，机器人》中提出了“机器人学三大法则”，这3条法则后来成为学术界默认的机器人研发原则。

现代机器人出现于20世纪中期，当时数字计算机已经出现，电子技术也有长足的发展，

图 1-4 端茶玩偶

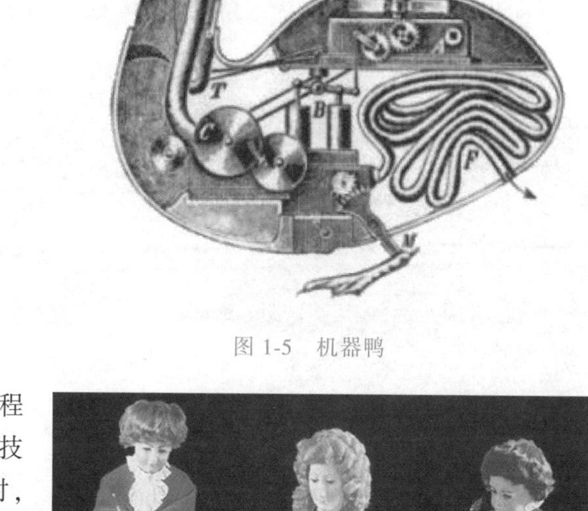

图 1-5 机器鸭

在产业领域出现了受计算机控制的可编程的数控机床，与机器人技术相关的控制技术和零部件加工也有了扎实基础。同时，人类需要开发自动机械，代替人从事一些在恶劣环境下的作业。正是在这一背景下，机器人技术的研究与应用得到了快速发展。机器人的发展大致经历了 3 个阶段。

图 1-6 写字偶人、绘图偶人和弹琴偶人

第一代机器人为简单个体机器人，属于示教再现机器人。示教再现机器人是一种可重复再现通过示教编程存储作业程序的机器人。示教编程指由人工引导机器人末端操作器，或由人工操作引导机械模拟装置，或用示教盒来使机器人完成预期动作的程序。20 世纪 50 年代末至 60 年代，世界上应用的工业机器人绝大多数为示教再现机器人。

1954 年，美国人乔治·德沃尔制造出能按照不同程序从事不同工作的世界上第一台可编程机械手；1959 年，乔治·德沃尔与约瑟夫·恩格尔伯格联手制造出第一台工业机器人 Unimate（图 1-7），随后成立了世界上第一家机器人制造工厂——Unimation 公司。由于约瑟夫·恩格尔伯格对工业机器人富有成效的研发和宣传，他被称为“机器人之父”。

1962 年，美国机械与铸造（AMF）公司生产出万能搬运机器人 Verstran（图 1-8）并出口到世界各国，掀起了全世界对机器人研究的热潮。

图 1-7 世界上第一台工业机器人

第二代机器人为低级智能机器人，或称感觉机器人。和第一代机器人相比，低级智能机器人具有一定的感觉系统，能获取外界环境和操作对象的简单信息，可对外界环境的变化做出简单的判断并相应调整自己的动作，以减少工作中出错的概率。因此，这类机器人又称为自适应机器人。20 世纪 60 年代末以来，这类机器人在生产企业中的应用逐渐增加。

1968 年，美国斯坦福研究所研发成功带有视觉传感器的机器人 Shakey（图 1-9），它能根据人的指令发现并抓取积木。Shakey 可以称为世界上第一台智能机器人。

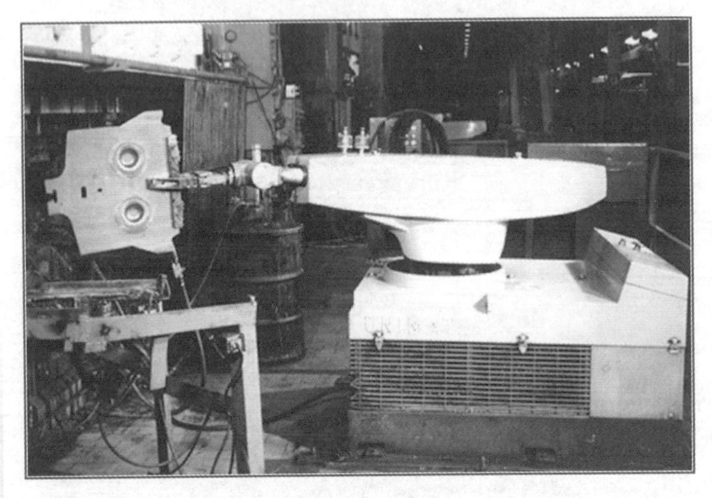

图 1-8 机器人 Verstran

图 1-9 机器人 Shakey

1969 年，日本早稻田大学加藤一郎实验室研发出世界第一台可以双脚走路的机器人。加藤一郎长期致力于研究仿人机器人，被誉为“仿人机器人之父”。日本专家一向以研发仿人机器人和娱乐机器人见长，后来出现了本田公司的 ASIMO 机器人（图 1-10）和索尼公司的 QRIO 机器人（图 1-11）。1996 年，本田公司推出仿人型机器人 P2（图 1-12），使双足行走机器人的研究达到了一个新的水平。随后，许多国际著名企业争相研制代表自己公司形象的仿人型机器人，以展示公司的科研实力。

第三代机器人是智能机器人（图 1-13）。它不仅具备了感觉能力，而且还具有独立判断

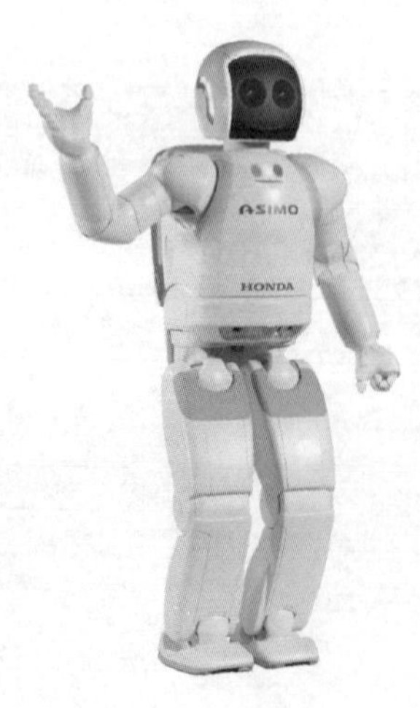

图 1-10 ASIMO 机器人

图 1-11 QRIO 机器人

和行动的能力，并具有记忆、推理和决策的能力，因而能够完成更加复杂的动作。智能机器人在发生故障时，其自我诊断装置能自我诊断出发生故障的部位，并进行自我修复。它利用各种传感器、测量器等来获取环境信息，然后利用智能技术进行识别、理解、推理，最后做出规划决策，是能自主行动实现预定目标的高级机器人。

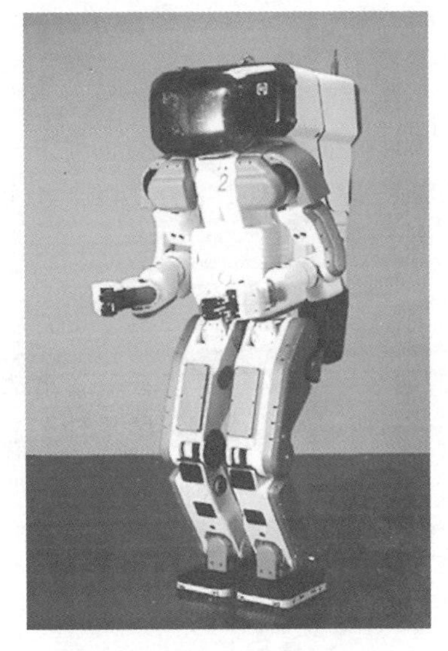

图 1-12　仿人型机器人 P2

图 1-13　智能机器人

1.2　应用

机器人的应用可以分为 3 个主要应用领域，即生产、勘探作业领域和辅助残疾人。

1. 生产

工厂使用机器人大多是为了减少工人的数量。生产用机器人与传统的加工机器比较有两个主要优点：

1）生产过程的全面自动化将导致最终产品的高质量和更好的质量管理，以及增加对各种不同要求的适应性。

2）增加生产设备的适应性，能使生产线迅速地从一种产品的生产转换为另一种类似产品的生产。例如，从生产一种型号的小汽车转换为生产另一种型号的汽车，或者当生产设备的某一部件出现故障时迅速进行替换。

2. 勘探作业领域

勘探作业一般在危险的环境中进行，例如在水下、在太空、在有放射性物质的环境中，或在高温环境中，因此机器人可以作为自主式机器人或者作为遥控系统使用。自主式机器人可以代替人类在危险环境中完成预定的任务。例如，机器人可用于从火星表面采集矿石、检修核反应堆、海底采掘和辅助铸造业。

3. 辅助残疾人

为帮助残疾人而研制的医学机器人可使瘫痪者（下身麻痹者和四肢瘫痪者）和截肢者的生活状况获得极大的改善。医学机器人主要用于：

(1) 假肢　指人造手和人造腿等。

(2) 矫正医疗　即在瘫痪的肢体周围设置刚性的机动结构，对肢体进行运动功能训练。

(3) 遥控医疗　用于四肢瘫痪者。此时，由残疾人自己控制机器人，即利用身体内仍具有自由活动能力的部分（舌、口、眼睛等）操纵机器人。

1.3　发展趋势

当前，各个国家对机器人技术的发展十分重视，人们生活对智能化要求的提高也促进了机器人的发展。目前，机器人技术的发展可以说是一日千里。未来机器人技术会在以下几个方面飞速发展。

1. 柔性机器人技术

柔性机器人可理解为软体机器人（图 1-14）。柔性机器人技术采用柔性材料（柔性材料具有能在大范围内任意改变自身形状的特点）进行机器人的研发、设计和制造，在管道故障检查、医疗诊断、侦查探测领域具有广泛应用前景，如汽车制造业喷漆中所用的柔性工业机器人（图 1-15）。

图 1-14　软体机器人

图 1-15　柔性工业机器人

2. 液态金属控制技术

液态金属控制技术可理解为“机器人可变形”（图 1-16）。液态金属控制技术是通过控制电磁场外部环境，对液态金属材料进行外观特征、运动状态进行准确控制的一种技术，可用于智能制造、灾后救援等领域。液态金属是一种不定型、可流动的液体金属。目前技术重点主要集中在液态金属的铸造成形上，液态机器人还只是一个美好的愿景。

3. 生肌电控制技术

生肌电控制技术应用于生物信号机器人（图 1-17），该技术利用人类上肢表面肌电信号控制机器臂，在远程控制、医疗康复等领域有着较为广阔的应用前景。

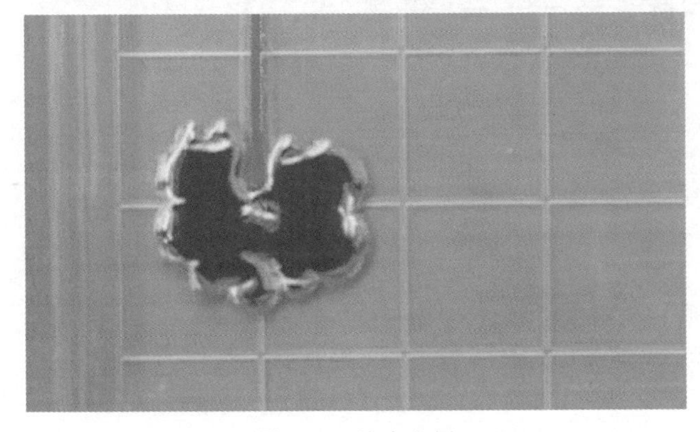

图 1-16 液态金属

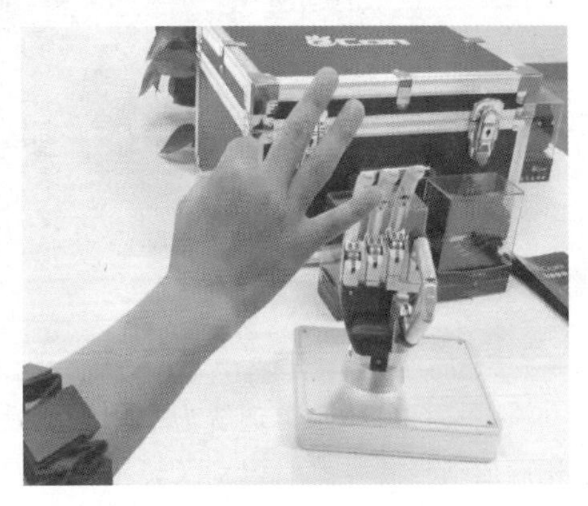

图 1-17 生肌电控制

4. 敏感触觉技术

敏感触觉技术应用于机器人的“皮肤”（图 1-18），该技术采用基于电学和微粒子触觉技术的新型触觉传感器，能让机器人对物体的外形、质地和硬度更加敏感，最终胜任医疗、勘探等一系列复杂工作。

5. 会话式智能交互技术

会话式智能交互技术让机器人“主动”和人说话（图 1-19）。采用该技术研制的机器人，不仅能理解用户的问题并给出精准答案，还能在信息不全的情况下主动引导完成会话。新一代会话交互技术将会摆脱一问一答的模式，甚至可以主动发起对话。

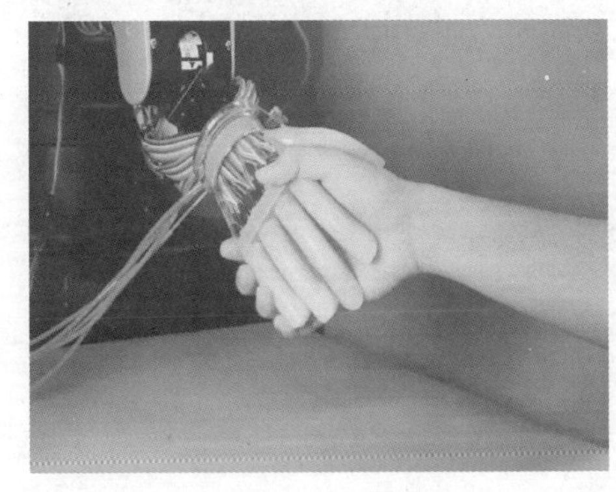

图 1-18 敏感触觉

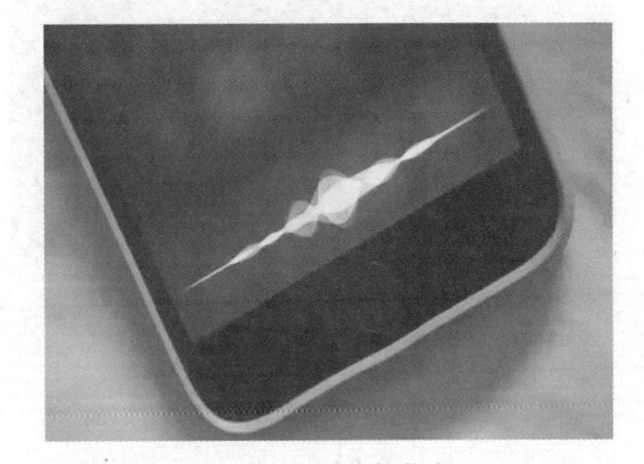

图 1-19 会话式智能交互

6. 情感识别技术

情感识别技术让机器人可以有心理活动。该技术可实现对人类情感甚至是心理活动的有效识别（图 1-20），使机器人获得类似人类的观察、理解及反应能力，可应用于机器人辅助医疗康复、刑侦鉴别等领域。该技术能对人类的面部表情进行识别和解读，是和人脸识别技术相伴相生的一种衍生技术。

图 1-20 情感识别

7. 脑机接口技术

脑机接口技术可理解为“用意念操控机器”（图 1-21），该技术通过对神经系统电活动和特征信号的收集、识别及转化，使人脑发出的指令能够直接传递给指定的机器终端，可应用于助残康复、灾害救援和娱乐体验等领域。

8. 自动驾驶技术

自动驾驶技术即让机器人“带路”。应用自动驾驶技术可为人类提供自动化、智能化的装载和运输工具，并延伸到道路状况测试、国防军事安全等领域。

9. 虚拟现实机器人技术

虚拟现实机器人技术即再造一个虚拟现场（图 1-22）。该技术可实现操作者对机器人的虚拟遥控操作，在维修检测、娱乐体验、现场救援及军事侦察等领域有应用价值。

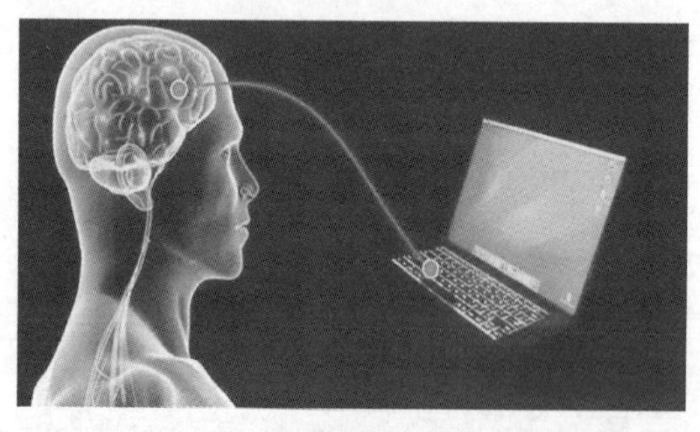

图 1-21 脑机接口

图 1-22 虚拟现实机器人

10. 机器人云服务技术

机器人云服务技术即机器人之间可互联。该技术指机器人本身作为执行终端，通过云端进行存储与计算，即时响应需求和实现功能，有效实现数据互通和知识共享，为用户提供无限扩展、按需使用的新型机器人服务方式。

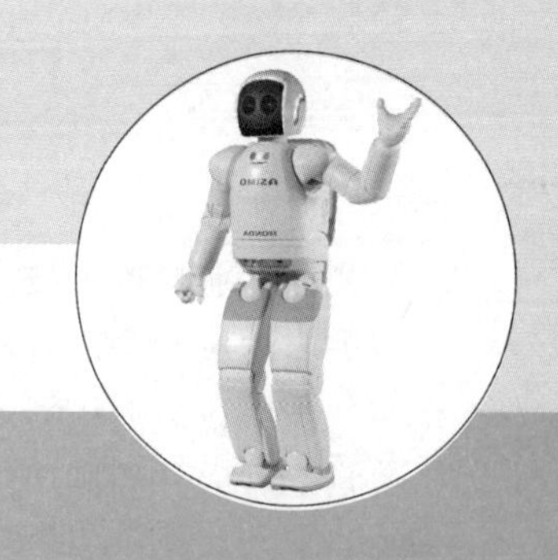

项目2 工业机器人的认知

2.1 定义

工业机器人是机器人的一种，最早应用于汽车制造领域，但技术发展至今，工业机器人的应用早已不局限于某个领域，现代工业的方方面面都有工业机器人的身影。

工业机器人（图 2-1）是面向工业领域的多关节机械手或多自由度的机器装置，能自动执行工作，是靠自身动力和控制能力来实现各种功能的一种机器。它可以接受人类指挥，也可以按照预先编排的程序运行。现代的工业机器人还可以根据人工智能技术制定的原则纲领行动。

代替和帮助工人劳动是制造工业机器人的主要目的，工业机器人被用在缺少劳动力的工厂和必须进行简单重复性劳动或危及健康及人身安全的场合。工业机器人最显著的特点有以下几个：

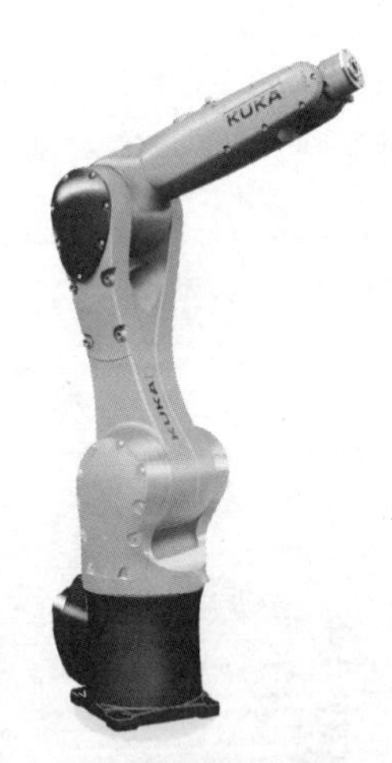

图 2-1 工业机器人

（1）可编程 生产自动化的进一步发展是柔性自动化。工业机器人可随其工作环境的变化而再编程，因此能在小批量、多品种、具有均衡高效率的柔性制造过程中发挥很好的功用，是柔性制造系统中的一个重要组成部分。

（2）拟人化 工业机器人在机械结构上有类似人的腿部、腰部、大臂、小臂、手腕、手爪等部分，在控制上有类似人脑的计算机。此外，智能化工业机器人还有许多类似人类的“生物传感器”，如皮肤型接触传感器、力传感器、负载传感器、视觉传感器、声觉传感器等。传感器提高了工业机器人对周围环境的自适应能力。

（3）通用性 除了专门设计的专用工业机器人外，一般工业机器人在执行不同的作业任务时都具有较好的通用性。例如更换工业机器人手部末端操作器（手爪、工具等），便可执行不同的作业任务。

（4）复合性 工业机器人技术涉及的学科相当广泛，归纳起来是机械学和微电子学的结合——机电一体化技术。第三代智能机器人不仅具有获取外部环境信息的各种传感器，而且还具有记忆能力、语言理解能力、图像识别能力及推理判断能力等人工智能，这些都是微电子技术的应用，特别是与计算机技术的应用密切相关。因此，机器人技术的发展必将带动其他技术的发展，机器人技术的发展和应用水平也可以验证一个国家的科学技术和工业技术的发展水平。

当今工业机器人技术正逐渐向着具有行走能力、具有多种感知能力、具有较强的对作业环境的自适应能力的方向发展。当前，对全球机器人技术的发展最有影响力的国家是美国和日本。美国在工业机器人技术的综合研究水平上仍处于领先地位，而日本生产的工业机器人在数量、种类方面则居世界首位。

2.2 分类

关于工业机器人如何分类，国际上没有统一的标准。下面列举工业机器人的分类方法。

1. 按坐标系统分类

按工业机器人坐标系统特点方式分类，机器人可分为直角坐标型机器人、圆柱坐标型机器人、极坐标型机器人和多关节坐标型机器人4类。

（1）直角坐标型机器人　直角坐标型机器人（图2-2）以直角坐标系为基本数学模型，通过手臂的上下、左右移动和前后伸缩构成一个直角坐标系，有3个独立的自由度，其动作空间为一个长方体。大型的直角坐标型机器人也称为桁架机器人或龙门式机器人。直角坐标型机器人系统结构简单，成本低廉，可以应用于点胶、滴塑、喷涂、码垛、分拣、包装、焊接、金属加工、搬运、上下料、装配及印刷等常见的工业生产领域。

（2）圆柱坐标型机器人　圆柱坐标型机器人（图2-3）具有3个自由度，即具有一个旋转运动（机座的水平转动）和两个直线运动沿立柱的升降运动和沿水平臂的伸缩运动。圆柱坐标型机器人结构紧凑，通用性较强。

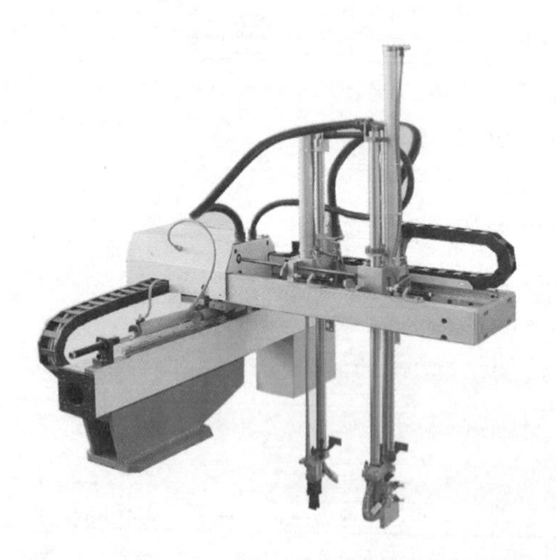

图2-2　直角坐标型机器人

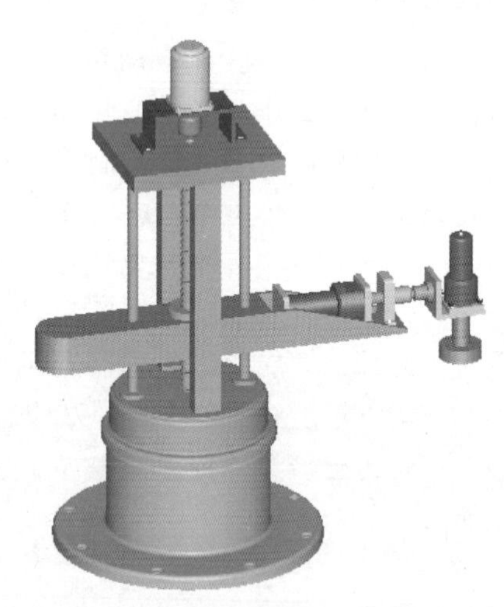

图2-3　圆柱坐标型机器人

（3）极坐标型机器人　极坐标型机器人（图2-4）的工作臂可绕水平轴做俯仰运动、沿手臂轴线做伸缩运动以及绕立柱回转。极坐标型机器人结构紧凑，所占空间小于直角坐标型机器人和圆柱坐标型机器人，操作比圆柱坐标型机器人更为灵活。

（4）多关节坐标型机器人　多关节坐标型机器人（图2-5）由多个旋转和摆动机构组合而成，具有操作灵活、运动速度高、操作范围大等特点，但受手臂位姿的影响，无法实现高精度运动。多关节坐标型机器人是当今工业领域中最常见的工业机器人的形态之一，适用于诸多工业领域的机械自动化作业，如自动装配、喷漆、搬运、焊接等。

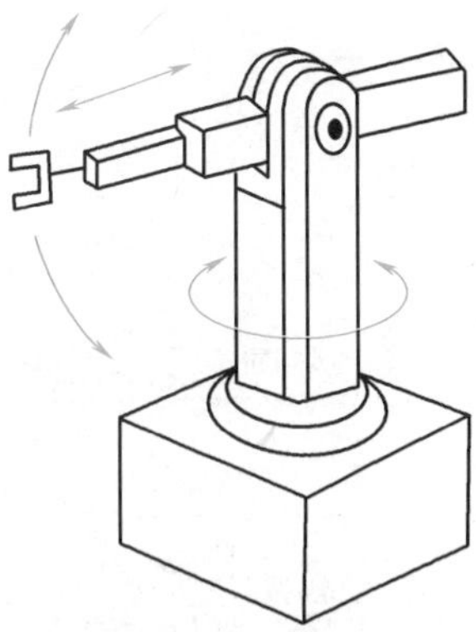

根据关节摆动方向，多关节坐标型机器人可分为垂直多关节机器人和水平多关节机器人，目前装机最多的多关节坐标型机器人为串联关节型垂直6轴机器人和水平多关节（SCARA）型4轴机器人。

图2-4 极坐标型机器人

2. 按用途分类

工业机器人按用途可分为移动机器人、装配机器人、焊接机器人、搬运机器人、喷涂机器人等。

（1）移动机器人 移动机器人（图2-6）由传感器、遥控操作器和自动控制的移动载体组成，具有移动、自动导航、多传感器控制、网络交互等功能，广泛应用于机械、电子、纺织、卷烟、医疗、食品、造纸等行业的柔性搬运、传输等领域，也用于自动化立体仓库、柔性加工系统、柔性装配系统（以AGV作为活动装配平台），同时可在车站、机场、邮局的物品分拣中作为运输工具。

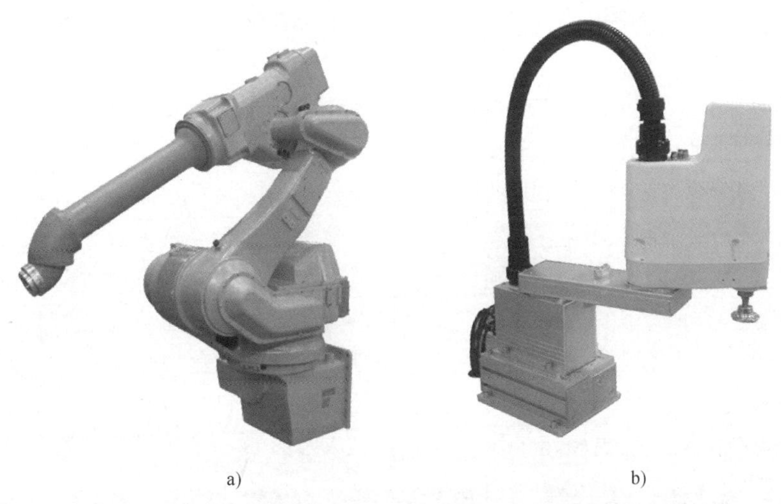

图2-5 多关节坐标型机器人

a）垂直多关节机器人 b）水平多关节机器人

（2）装配机器人 装配机器人（图2-7）是柔性自动化装配系统的核心设备，由机器人操作机、控制器、末端操作器和传感系统组成。常用的装配机器人主要有可编程通用装配操作手和水平多关节机器人两种类型。与一般工业机器人相比，装配机器人具有精度高、柔顺性好、工作范围小、能与其他系统配套使用等特点，主要用于各种电器、小型电机、汽车及其部件、计算机、玩具、机电产品及其组件的装配等方面。

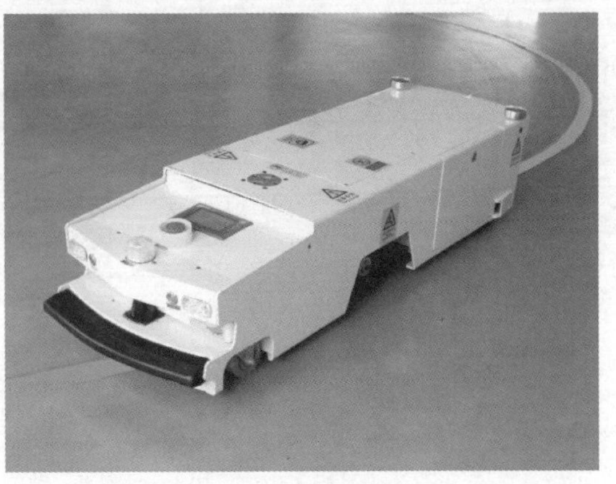

图2-6 移动机器人

图 2-7 汽车零部件装配机器人

（3）焊接机器人　焊接机器人（图 2-8）是从事焊接的工业机器人，为了适应不同的用途，机器人最后一个轴的机械接口通常是一个连接轴，可接装不同工具或末端操作器。焊接机器人就是在工业机器人的末轴装接焊钳或焊（割）枪，使之能进行焊接、切割或热喷涂。焊接机器人具有性能稳定、工作空间大、运动速度快和负荷能力强等特点，其焊接质量明显优于人工焊接，大大提高了焊接作业的生产率。焊接机器人目前已被应用在汽车制造业，如汽车底盘、座椅骨架、导轨、消声器以及液力变矩器等的焊接，尤其在汽车底盘焊接生产中得到了广泛的应用。根据焊接装备不同，焊接机器人分为点焊机器人和弧焊机器人，其中点焊机器人主要用于汽车整车的焊接工作，弧焊机器人主要用于各类汽车零部件的焊接生产。

（4）搬运机器人　搬运机器人（图 2-9）是可以进行自动化搬运作业的工业机器人。根据工件形状、重量、耐压等性能的不同，为了保证工作性能良好，搬运中，搬运机器人需要安装不同的末端操作器来完成搬运工作，以此减轻人类繁重的体力劳动、提高工作效率。

图 2-8 焊接机器人

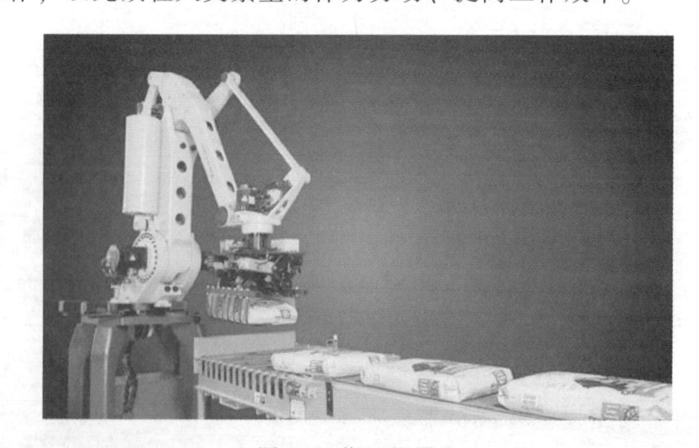

图 2-9 搬运机器人

（5）喷涂机器人　喷涂机器人（图 2-10）由于主要完成工件的漆面处理工作，所以也称为喷漆机器人，喷涂机器人也可以喷涂其他涂料。喷涂机器人多采用 5 或 6 自由度关节式结构，运动空间较大，可以实现较复杂的轨迹运动，但由于其腕部一般有 2~3 个自由度，运动灵活性高，腕部采用柔性手腕的机器人动作类似人的手腕，各个方向弯曲和转动都能实现，例如能完成较小的孔的内部喷涂。喷涂机器人一般采用液压驱动，既能动作迅速，又具有防爆性能好等特点。喷漆机器人广泛用于汽车、搪瓷、电器、仪表等工艺生产中。

3. 按控制方式分类

工业机器人按执行机构运动的控制方式，可分为点位控制方式机器人、连续轨迹控制方式机器人、力或力矩控制方式机器人和智能控制方式机器人。

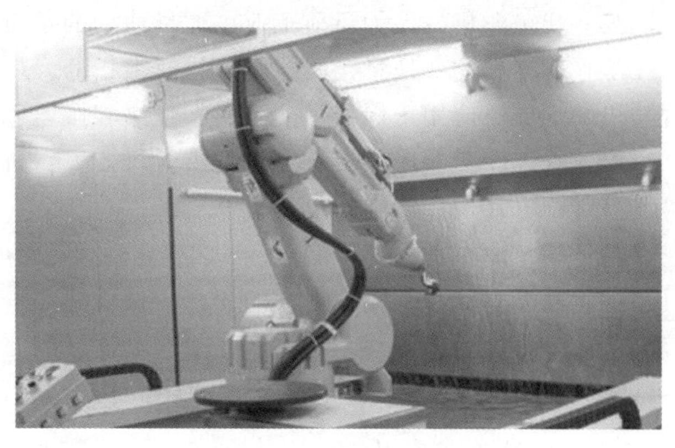

图 2-10 喷涂机器人

（1）点位控制方式机器人 点位控制方式机器人只控制执行机构由一点到另一点的准确定位，而点与点之间运动的轨迹不需要严格控制。为了减少移动部件的运动与定位时间，一般先快速移动到终点附近，然后低速准确移动到终点位置，以保证良好的定位精度。该类型工业机器人适用于机床上下料、点焊和一般搬运、装卸等作业。

（2）连续轨迹控制方式机器人 连续轨迹控制方式机器人可控制执行机构按给定轨迹运动，而且速度可控、轨迹光滑、运动平稳。该类型工业机器人具有各关节连续、同步地进行相应运动的功能，适用于连续焊接和涂装等作业。

（3）力或力矩控制方式机器人 在完成装配、抓放物体等工作时，除要求准确定位之外，还要求使用适度的力或力矩进行工作，这时就要使用力或力矩控制方式机器人。这种方式的控制原理与位置控制原理基本相同，但输入量和反馈量不是位置信号，而是力或力矩信号，因此系统中必须要有力或力矩传感器，有时也利用接近、滑觉等传感功能进行自适应式控制。

（4）智能控制方式机器人 工业机器人的智能控制是通过传感器获得周围环境的信息，并根据自身内部的信息库做出相应的决策。采用智能控制技术，使工业机器人具有了较强的环境适应性及自学习能力。

4. 按程序输入方式分类

工业机器人按程序输入方式分为编程输入型机器人和示教输入型机器人两类。

（1）编程输入型机器人 编程输入型机器人通过 RS232 串口或者以太网等通信方式将计算机上已编好的作业程序文件传送到机器人控制柜。

（2）示教输入型机器人 示教输入型机器人的示教方法有两种：一种是由操作者用示教盒将指令信号传给驱动系统，使执行机构按要求的动作顺序和运动轨迹操演一遍；另一种是由操作者直接领动执行机构，按要求的动作顺序和运动轨迹操演一遍。在示教过程中或示教的同时，工作程序的信息即自动存入程序存储器中，在机器人自动工作时，控制系统从程序存储器中读取相应信息，将指令信号传给驱动机构，使执行机构再现示教的各种动作。示教输入程序的工业机器人称为示教再现型工业机器人。

2.3 发展过程及工作原理

1. 工业机器人的发展过程

工业机器人的发展过程可以分为以下三个阶段：

第一代工业机器人为目前工业中大量使用的示教再现型工业机器人，即通过示教存储信息，工作时读出这些信息，向执行机构发出指令，执行机构按指令再现示教的操作。示教再现型机器人广泛应用于焊接、上下料、喷漆和搬运等方面。

第二代工业机器人是带有感觉的工业机器人，机器人带有视觉、触觉等功能，可以完成检测、装配、环境探测等作业。

第三代工业机器人即智能工业机器人，它不仅具备感觉功能，而且还能根据人的命令，按所处环境自行决策并规划出行动。目前，在工业上运行的90%以上的工业机器人都不具备智能功能。

2. 工作原理

工业机器人系统实际上是一个典型的机电一体化系统，其基本工作原理为：控制系统发出动作指令，控制驱动系统动作，驱动系统带动机械系统运动，使末端操作器到达空间某一位置和实现某一姿态，实施一定的作业任务。末端操作器在空间的实时位姿由传感系统反馈给控制系统，控制系统把实际位姿与目标位姿进行比较，发出下一个动作指令，如此循环，直到完成作业任务为止，如图 2-11 所示。

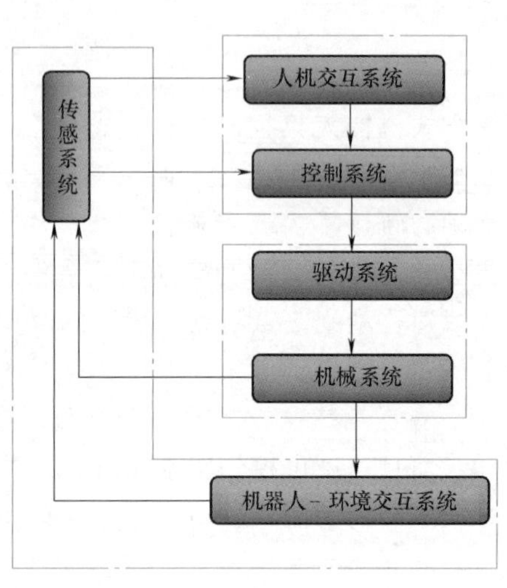

图 2-11 工业机器人系统工作原理

2.4 组成

2.4.1 机械系统

工业机器人的机械系统是机器人的支承基础和执行机构，通常由杆件和关节组成，计算、分析和编程的最终目的是通过本体的运动和动作完成特定的任务。工业机器人的机械结构主要包括手部、腕部、手臂和机身四部分。

1. 手部

工业机器人的手部是指安装于机器人手臂末端、直接作用于工作对象的装置，又称手爪或末端操作器。机器人所要完成的各种操作，最终都必须通过手部得以实现；同时手部的结构、自重、尺寸对于机器人整体的运动学和动力学性能有着直接的、显著的影响。由于被握工件或工具的形状、尺寸、自重、材质及表面状态等的不同，工业机器人的手部结构多种多样，大致可分为夹持式取料手、吸附式取料手、仿生多指灵巧手及其他手等。

（1）夹持式取料手 夹持式取料手按夹持方式，分为夹钳式、钩拖式和弹簧式 3 种；

按取料手夹持工件时的运动方式，分为回转型和平移型两种。回转型取料手结构简单，制造容易，应用较广泛；平移型取料手结构比较复杂，应用较少，但平移型取料手夹持圆形工件时，工件直径变化不影响其轴心的位置，因此适宜夹持直径变化范围大的工件。

1）夹钳式取料手。夹钳式取料手与人手相似，是工业机器人常用的一种手部形式，一般由手指、驱动装置、传动机构、支架组成，如图 2-12 所示。

手指是直接与工件接触的部件。手部松开与夹紧工件就是通过手指的张开与闭合来实现的。工业机器人的手部一般有 2 个手指，特殊情况下有 3 个或多个手指。手指结构取决于被夹持工件的表面形状、被抓部位（是外轮廓还是内孔）和工件的质量及尺寸。常用的手指结构有平面、V 形面和曲面，其中平面手指用于夹持方形工件、板件或细小棒料；V 形面手指用于夹持圆柱形工件；曲面手指用于夹持特殊形状的工件。此外，手指还有外夹式、内撑式和内外夹持式之分。

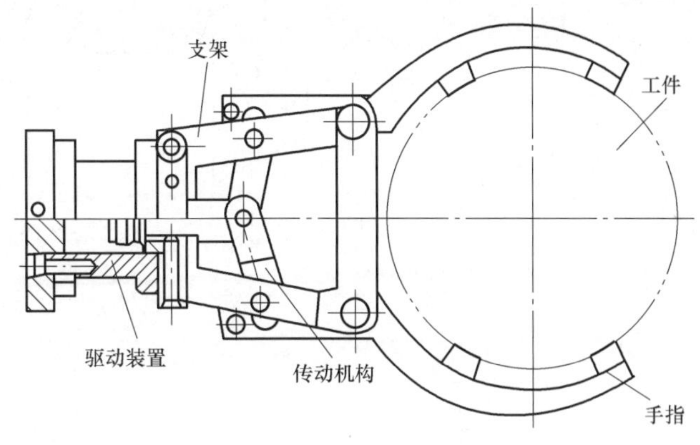

图 2-12　夹钳式取料手的组成

传动机构是向手指传递运动和动力，以实现夹紧和松开动作的机构。传动机构根据手指开合的动作特点，分为回转型和平移型。回转型分为一支点回转型和多支点回转型。根据手爪夹紧是摆动还是平动，回转型可分为摆动回转型和平动回转型。

夹钳式手部多为回转型手部，其手指就是一对杠杆，与斜楔、滑槽、连杆、齿轮、蜗杆或螺杆等机构组成复合式杠杆传动机构，用以改变传动比和运动方向等。图 2-13 所示为斜楔杠杆回转型手部。

平移型夹钳式手部通过手指指面做直线往复运动或平面移动来实现张开或闭合的动作，其结构较复杂，不如回转型夹钳式手部应用广泛。平移型传动机构按结构的不同，可分为平面平行移动机构和直线往复移动机构两种。

图 2-14 所示为 3 种平面平行移动型手部结构，都采用平行四边形的铰链机构（双曲柄铰链四连杆机构）以实现手指平移，其差别在于传动方式采用的是齿轮齿条、蜗轮蜗杆还是连杆斜滑槽。

图 2-15 所示为 3 种直线往复移动型手部结构，其中图 2-15a 为斜楔平移机构，图 2-15b 为连杆杠杆平移机构，图 2-15c 为螺旋斜楔平移机构。它们既可以是双指型，也可以是 3 指或多指型；既可自动定心，也可非自动定心。

2）钩拖式取料手。钩拖式取料手不是靠夹紧力夹持工件，而是利用手指对工件实施钩、拖、捧等动作来移动工件。应用钩拖方式可降低对驱动力的要求，简化手部结构，

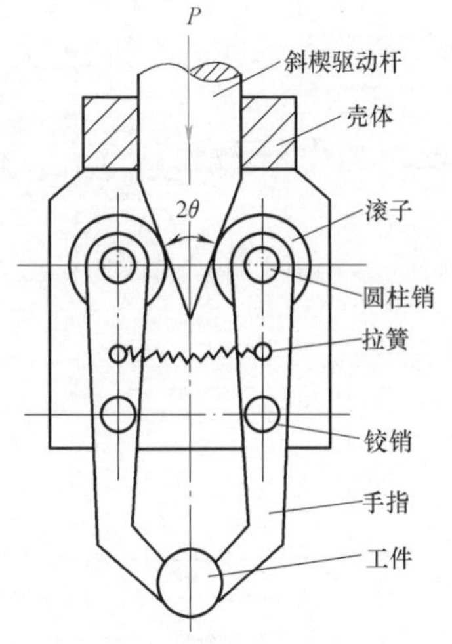

图 2-13　斜楔杠杆回转型手部

2 PROJECT

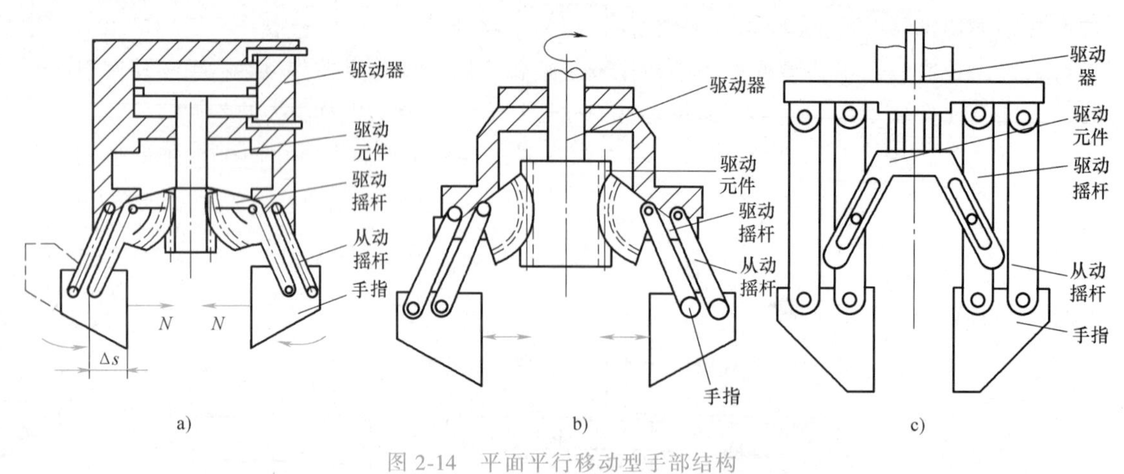

图 2-14 平面平行移动型手部结构

a）齿轮齿条 b）蜗轮蜗杆 c）连杆斜滑槽

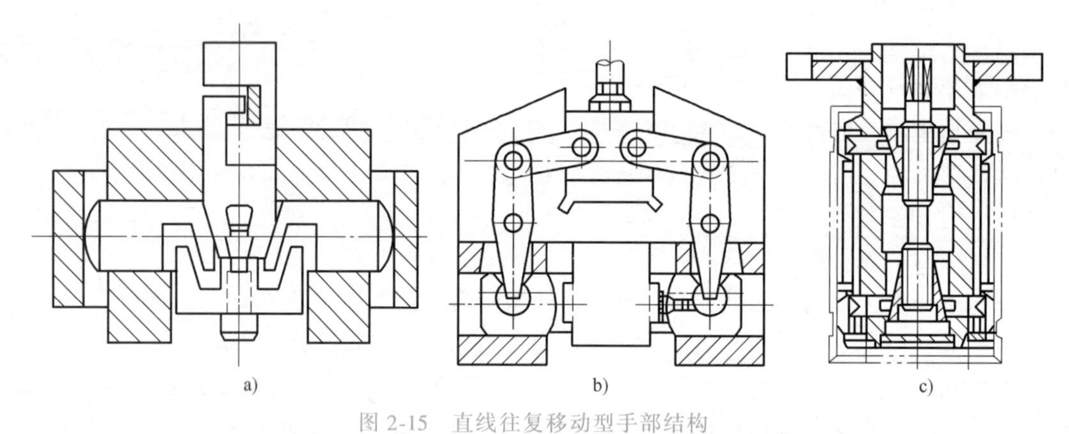

图 2-15 直线往复移动型手部结构

a）斜楔平移机构 b）连杆杠杆平移机构 c）螺旋斜楔平移机构

甚至可以省略手部驱动装置。图 2-16 所示为两种钩拖式手部结构。它适用于在水平面内和

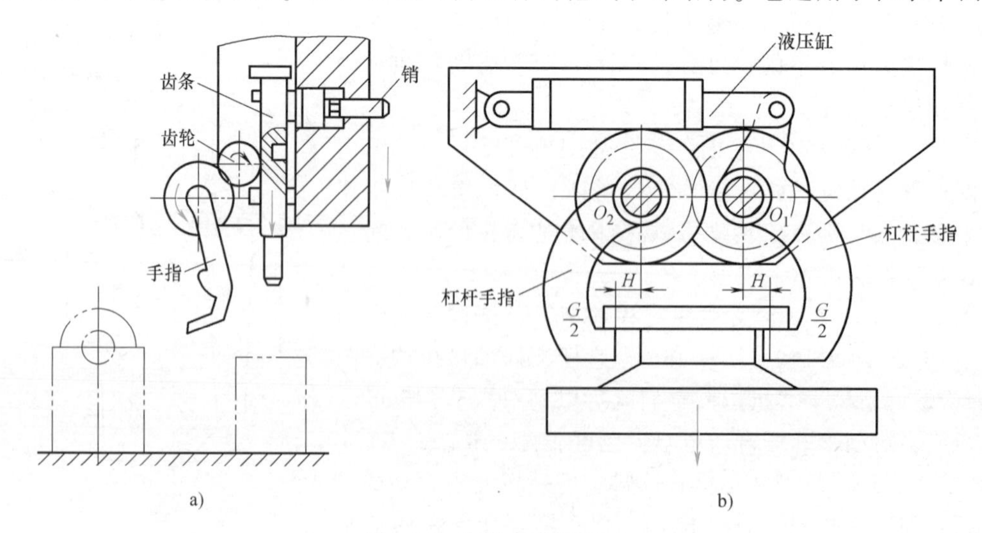

图 2-16 钩拖式手部结构

a）无驱动装置 b）有驱动装置

垂直面内做低速移动的搬运工作，尤其适合搬运大型笨重的工件或外形较大而自重较轻且易变形的工件。

3）弹簧式取料手。弹簧式取料手依靠弹簧弹力将工件夹紧，手部不需专门的驱动装置，结构简单。图2-17所示为弹簧式手部结构。它的使用特点是：工件进入手指和从手指中取下都是强制进行的。因弹簧弹力有限，故此种手部只适用于夹持较小的工件。

（2）吸附式取料手　吸附式取料手靠吸附力夹取工件，根据吸附力的不同，分为气吸附式和磁吸附式两种。吸附式取料手可用于大平面、易碎、微小的金属或非金属工件抓取，因此使用范围广泛。

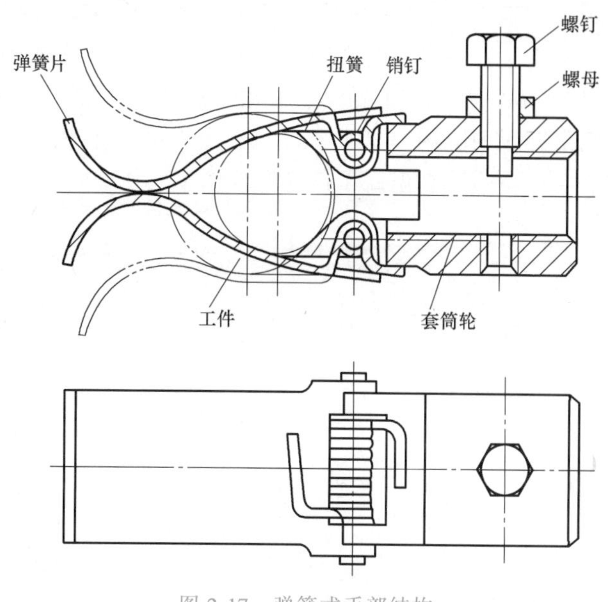

图2-17　弹簧式手部结构

1）气吸附式。气吸附式取料手是工业机器人常用的一种夹持工件装置，它由吸盘（1个或多个）、吸盘架及进排气系统组成，是利用吸盘内的压力和大气压之间的压力差而工作的。与夹钳式取料手相比，它具有结构简单、自重轻、吸附力分布均匀等优点。对于薄片状物体（如板材、纸张、玻璃等）的搬运其更有优越性，广泛应用于非金属材料或不可有剩磁的工件抓取。气吸附式取料手抓取工件时要求工件表面较平整光滑、清洁、无孔无凹槽，工件材质致密，没有透气空隙。按形成压力差的方法，气吸附式取料手可分为真空吸附取料手（图2-18）、气流负压吸附取料手、挤压排气式取料手等。

2）磁吸附式。磁吸附式取料手是利用永久磁铁或电磁铁通电后产生的磁力来吸附工件的，主要由磁盘、防尘罩、线圈、壳体等组成，如图2-19所示，其应用范围较广。磁吸附式取料手与气吸附式取料手相同，不会破坏被吸附工件表面质量。磁吸附式取料手比气吸附式取料手有更大的单位面积吸附力，且对工件表面粗糙度及通孔、沟槽等无特殊要求。

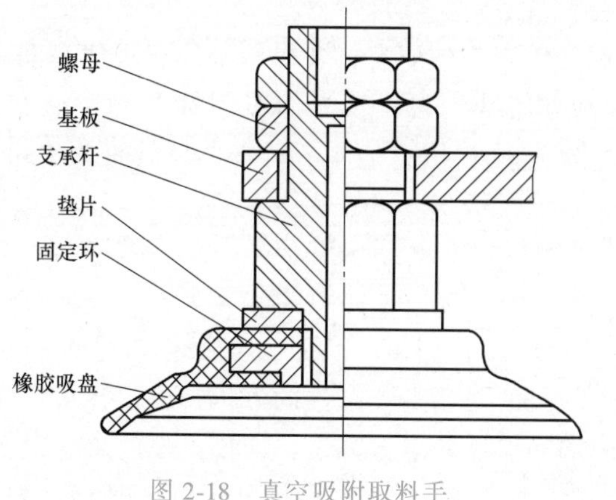

图2-18　真空吸附取料手

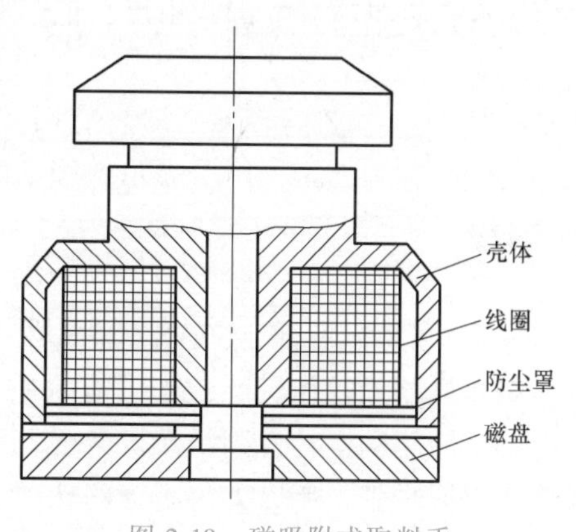

图2-19　磁吸附式取料手

(3) 仿生多指灵巧手　目前，大部分工业机器人的手部只有 2 个手指，且手指上一般没有关节，因此取料动作不能适应物体外形的变化，不能使物体表面承受比较均匀的夹持力，也就无法对复杂形状、不同材质的物体实施夹持的操作。为了提高机器人手部和手腕的操作能力、灵活性和快速反应能力，使机器人能像人手一样进行各种复杂的作业，就必须有一个运动灵活、动作多样的灵巧手，即仿人手。图 2-20 所示为 3 种仿人手结构，图 2-20a 为多关节柔性手，图 2-20b 为 3 指灵巧手，图 2-20c 为 4 指灵巧手，每个手指都是多个回转关节，每个关节的自由度都独立控制。仿人手能完成各种复杂的人手动作（如拧螺钉、弹钢琴等）。在手部装配上触觉、力觉、温度等传感器，仿人手便能达到更加完美的程度。仿生多指灵巧手的应用前景十分广泛，可在各种环境下完成人手无法实现的操作，如核工业领域、宇宙空间、高温高压等极端环境下的作业。

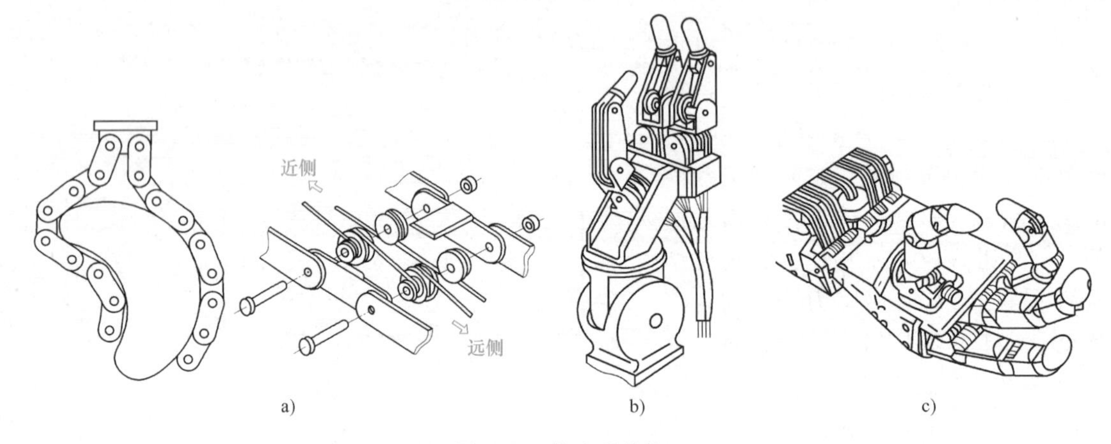

图 2-20　仿人手结构

a）多关节柔性手　b）3 指灵巧手　c）4 指灵巧手

(4) 其他手　机器人配上各种专用的末端操作器后，能完成各种动作。目前有许多由专用工具改型而成的操作器，如拧螺母机、焊枪、电磨头、电铣头、抛光头、激光切割机等。这些专用工具形成一套系列供用户选择，使工业机器人的应用范围变得更加广泛。

2. 腕部

腕部是连接手臂和手部的结构部件，主要作用是利用自身的自由度确定手部的作业方向。因此，它具有独立的自由度，能帮助机器人手部完成复杂的姿态。

(1) 自由度　为了使手部能达到目标位置和处于期望的姿态，要求腕部能实现绕空间 3 个坐标轴 X、Y、Z 的转动，即具有回转、俯仰和偏转 3 个自由度，如图 2-21 所示。通常，腕部的偏转称为 Yaw，用 Y 表示；腕部的俯仰称为 Pitch，用 P 表示；腕部的回转称为 Roll，用 R 表示。

(2) 分类　腕部按自由度数目可分为单自由度腕部、二自由度腕部、三自由度腕部等。

1) 单自由度腕部　SCARA 型机器人多采用单自由度腕部，如图 2-22 所示。

该类机器人操作机的腕部只有绕垂直轴的一个旋转自由度。为了减轻操作机悬臂的自重，腕部的驱动电动机固结在机架上。腕部转动的目的是调整装配件的方位。由于转动为两级等径轮同步带，所以大、小臂的转动不影响末端操作器的水平方位，而该方位的调整完全取决于腕传动的驱动电动机。这时末端执行器方位的角度（以机座坐标系为基准）是大、

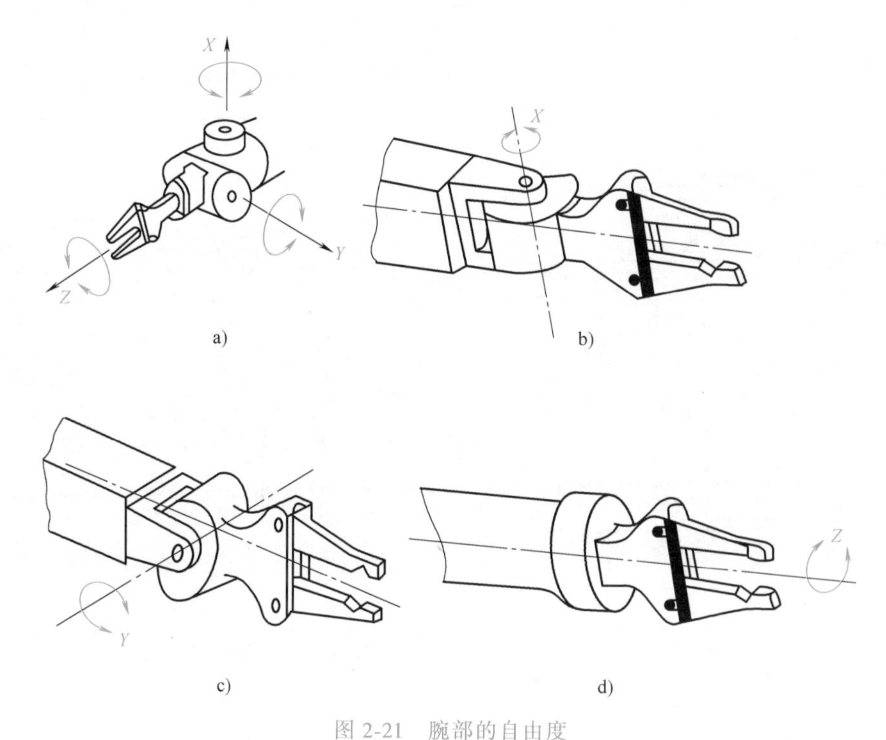

图 2-21　腕部的自由度

a）腕部坐标系　b）手腕的偏转　c）手腕的俯仰　d）手腕的回转

小臂转角以及腕转角之和。

2）二自由度腕部　二自由度腕部有两种结构：一种是汇交式二自由度腕部，腕部的末杆与小臂中线重合，两个链轮对称分配在两边；另一种是偏置式二自由度腕部，腕部的末杆偏置在小臂中线的一边，其优点是腕部结构紧凑，小臂横向尺寸较小。

3）三自由度腕部。三自由度腕部形式繁多。三自由度腕部是在二自由度的基础上加一个整个腕部相对于小臂转动的自由度而形成的。三自由度是“万向”型腕部，可以完成很多二自由度腕部无法完成的作业。近年来，大多数关节型机器人都采用了三自由度腕部。

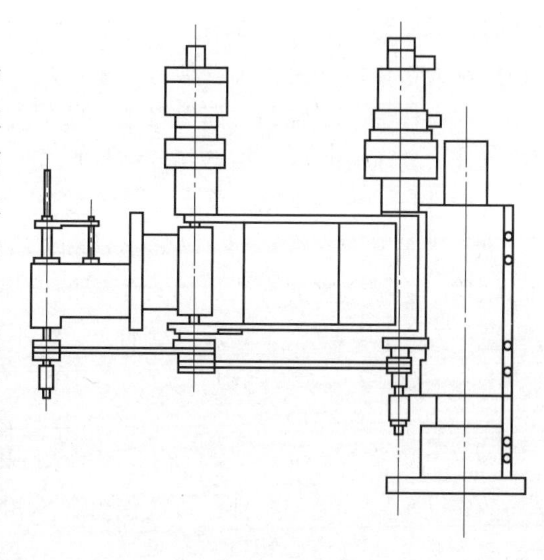

图 2-22　SCARA 型机器人

（3）腕部结构　在用机器人进行精密装配作业中，当被装配零件之间的配合精度相当高，工件的定位夹具、机器人手部的定位精度无法满足装配要求时，会导致装配困难，因此就提出了装配动作的柔顺性要求。图 2-23 所示为具有水平移动和摆动功能的浮动机构的柔顺腕部结构，图 2-24 所示为柔顺腕部动作过程。

3. 手臂

手臂部件（简称臂部）是机器人的主要执行部件，它的作用是支承腕部和手部，并带

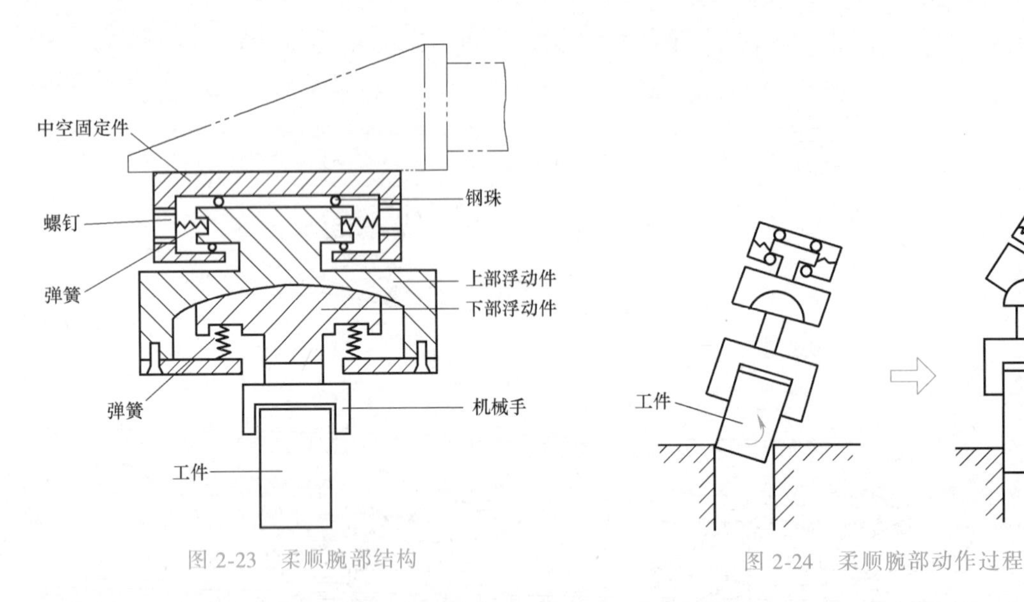

图 2-23 柔顺腕部结构

图 2-24 柔顺腕部动作过程

动它们在空间运动。机器人的臂部主要包括臂杆以及与其伸缩、屈伸或自转等运动有关的构件，如传动机构、驱动装置、导向定位装置、支承连接和位置检测元件等。此外，还有与腕部或手臂的运动和连接支承等有关的构件、配管配线等。

根据臂部的运动和布局、驱动方式、传动和导向装置的不同，手臂结构可分为伸缩型臂部结构、转动型臂部结构和其他专用机械传动臂部结构。

臂部的回转和升降运动通过机座的立柱实现，立柱的横向移动即为臂部的横移。臂部的各种运动通常由驱动机构等各种机构来实现，因此，臂部不仅仅承受被抓工件的自重，而且承受末端操作器、手腕和臂部的自重。臂部的结构、灵活性、抓重大小和定位精度都直接影响着机器人的工作性能。按臂部的结构形式，手臂结构又可分为单臂式臂部结构、双臂式臂部结构和悬挂式臂部结构 3 类。

机械手手臂有直线运动、回转运动和复合运动等不同的运动方式，对应不同的机械手臂部的结构。机械手臂的直线运动有手臂的伸缩、升降以及横向（或纵向）移动；回转运动有手臂的左右回转、上下摆动（俯仰）；复合运动既有直线运动，又有回转运动。

4. 机身

工业机器人的机身（或称立柱）是直接连接、支承和传动手臂及行走机构的部件。它由臂部运动（升降、平移、回转和俯仰）机构及有关的导向装置、支承件等组成。由于机器人的运动形式、使用条件、负载能力各不相同，所采用的驱动装置、传动机构、导向装置也不同，致使机身结构有很大差异。

一般情况下，实现臂部的升降、回转或俯仰等运动的驱动装置或传动件都安装在机身上。臂部的运动越多，机身的结构和受力越复杂。机身既可以是固定式的，也可以是行走式的（即在机身下部装有能行走的机构，可沿地面或架空轨道运行）。

（1）典型结构　常用的机身结构有升降回转型机身结构、俯仰型机身结构、直移型机身结构和类人机器人机身结构 4 种。

（2）配置形式　臂部和机身的配置形式基本上反映了机器人的总体布局。由于机器人的运动要求、工作对象、作业环境和场地等因素的不同，出现了各种配置形式。目前常用配置形式有横梁式（图 2-25）、立柱式（图 2-26）、机座式（图 2-27）和屈伸式（图 2-28）。

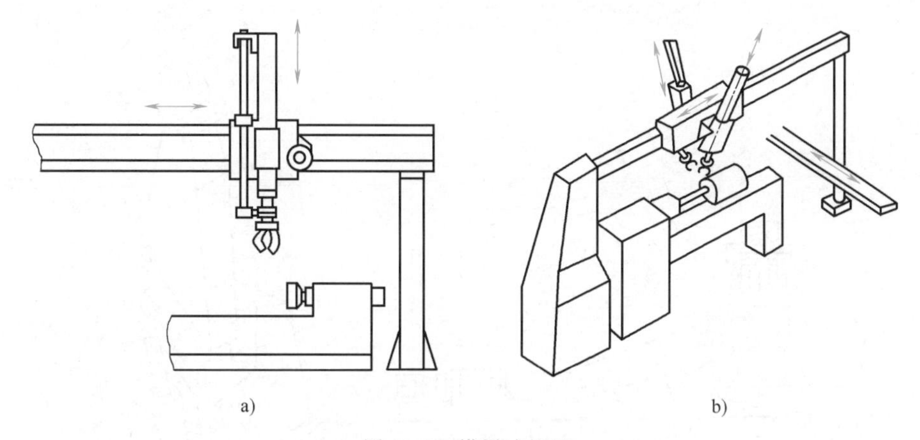

图 2-25　横梁式配置

a）单臂悬挂式　b）双臂悬挂式

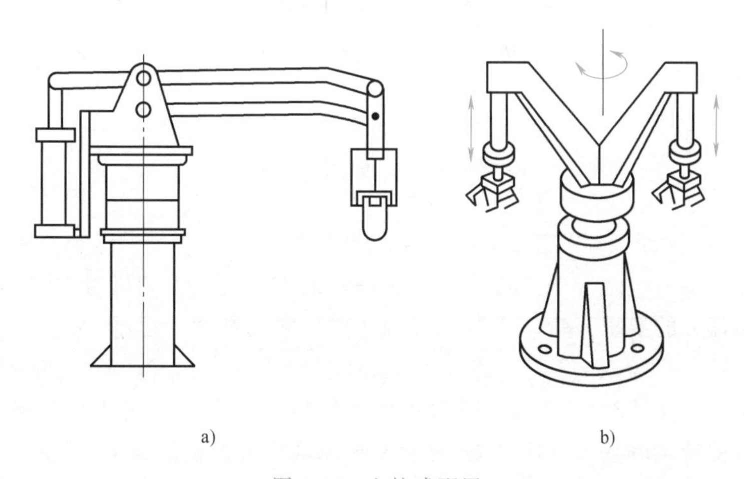

图 2-26　立柱式配置

a）单臂立柱式　b）双臂立柱式

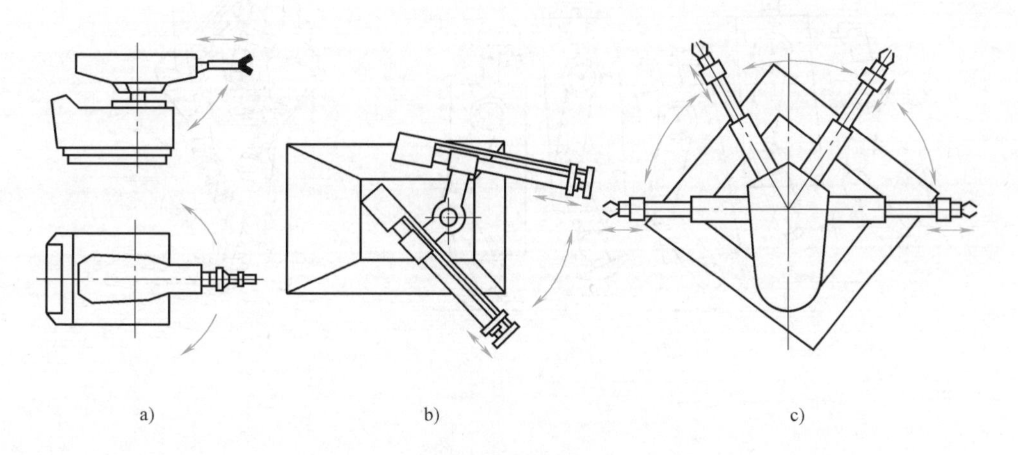

图 2-27　机座式配置

a）单臂回转式　b）双臂回转式　c）多臂回转式

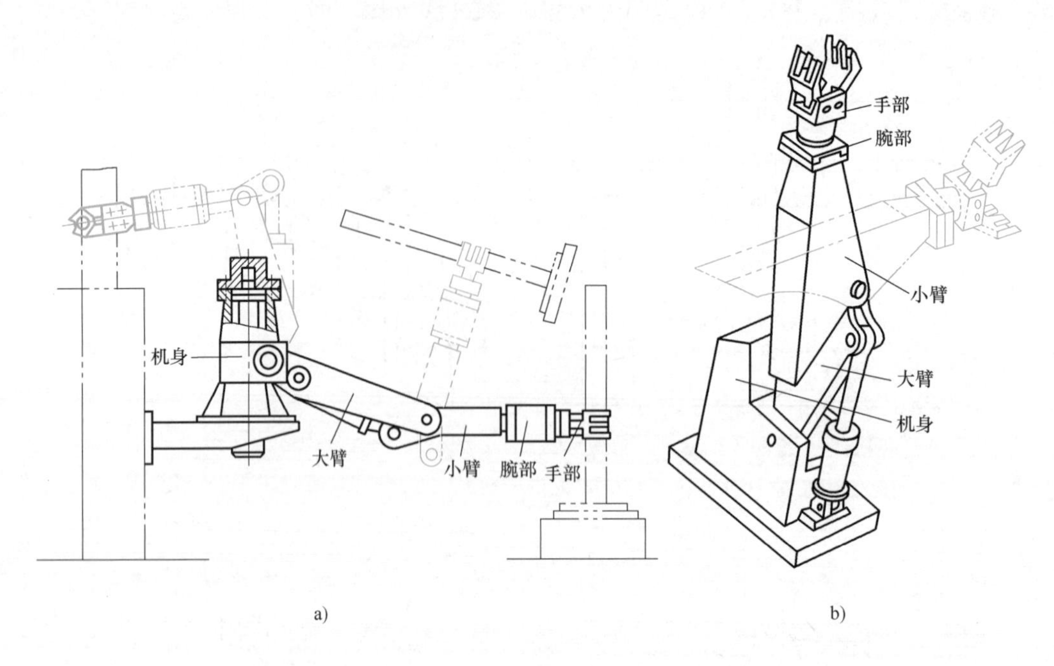

图 2-28 屈伸式配置

a）平面屈伸式 b）空间屈伸式

（3）行走机构 行走机构是行走机器人的重要执行部件，由驱动装置、传动机构、位置检测元件、传感器、电缆及管路等组成。它一方面支承机器人的机身、臂部和手部，另一方面还根据工作任务的要求，带动机器人实现在更广阔的空间内运动。

一般而言，行走机器人的行走机构主要有车轮式行走机构、履带式行走机构和足式行走机构。此外，还有步进式行走机构、蠕动式行走机构、混合式行走机构和蛇行式行走机构等，以适合于各种特别的场合。图 2-29 所示为 5 种足式行走机器人。

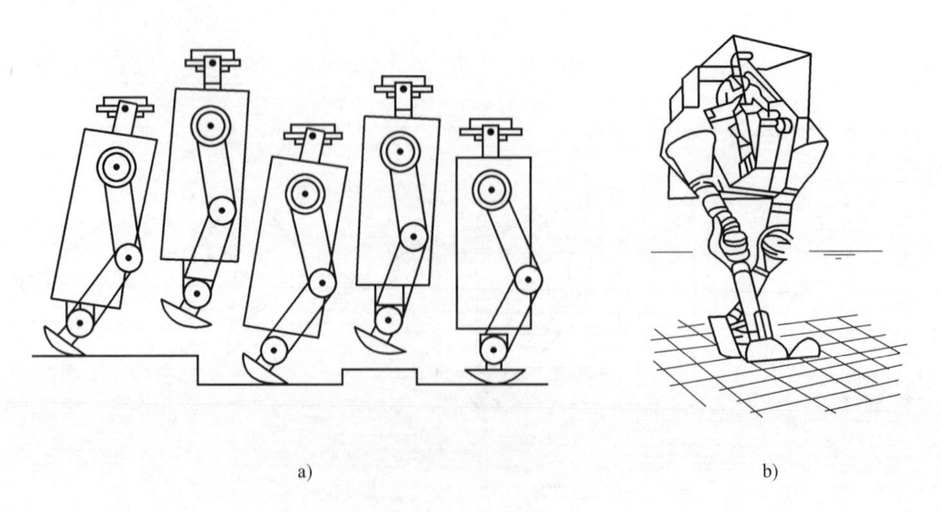

图 2-29 足式行走机器人

a）单足跳跃机器人 b）双足行走机器人

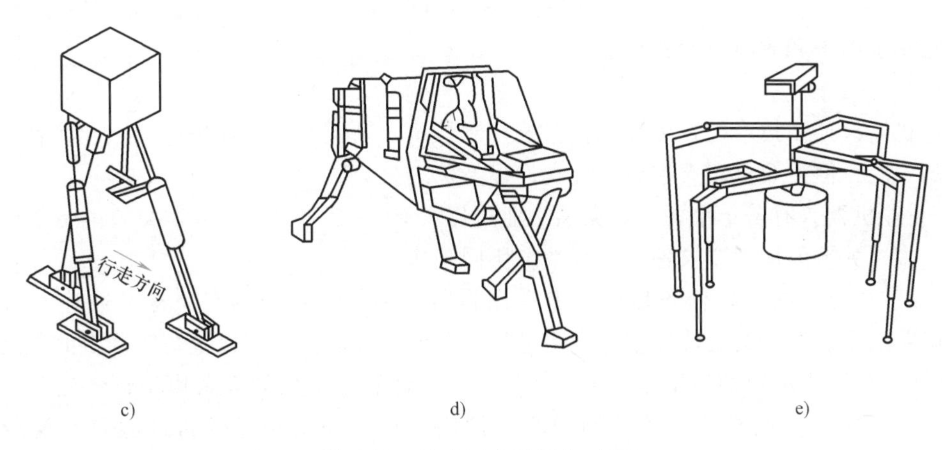

图 2-29 足式行走机器人（续）
c）三足机器人 d）四足机器人 e）六足机器人

2.4.2 控制系统

工业机器人的控制系统是一个控制指挥中心，主要根据传感系统采集到的信号，进行分析判断后向机器人本体及外围设备发出控制指令。

控制系统是工业机器人的主要组成部分，其功能类似于人脑的控制系统，用于对机器人的控制，以完成特定的工作任务。工业机器人的控制系统可分为两部分：一部分是对机器人自身运动与姿态的控制，另一部分是对工业机器人与外围设备的协调控制。

1. 控制系统的功能

控制工业机器人在工作过程中的空间位置、速度、轨迹等是控制系统的主要工作任务，其中有些控制非常复杂。工业机器人控制系统的基本功能如下：

（1）记忆功能 控制系统能存储机器人的作业顺序、运动路径、运动方式、运动速度和与生产工艺有关的信息。

（2）示教功能 示教再现指控制系统可以通过示教盒或人工引导机器人进行示教，将动作顺序、运动速度、位置等信息用一定的方法预先教给机器人，由机器人的存储单元将所示教的操作过程自动地记录在存储单元中，当需要时再现示教操作过程。如果需要修改操作过程，只需重新示教一遍即可。

（3）与外围设备联系功能 工业机器人控制系统具有输入和输出接口、通信接口、网络接口和同步接口，以与外围设备联系。

（4）坐标设置功能 工业机器人的坐标系有关节坐标系、绝对坐标系、工具坐标系和用户自定义坐标系，控制系统具有设置坐标的功能。

（5）人机交互功能 操作人员能通过人机接口（示教编程器、操作面板、显示屏等）采用直接指令代码对工业机器人进行作业指示。

（6）传感器信息收集功能 控制系统能接收传感系统的信号，如位置、视觉、触觉、力或力矩检测等。

（7）位置伺服功能 控制系统具有机器人多轴联动、运动控制、速度和加速度控制、动态补偿等功能。

（8）故障诊断、安全保护功能　控制系统运行时能进行系统状态监视，在有故障状态下能进行安全保护和故障自诊断功能。

2. 控制系统特点

工业机器人控制技术是在传统机械系统控制技术的基础上发展起来的，因此两者之间并无根本的不同，但工业机器人控制系统有许多特殊之处。

1）工业机器人有若干个关节。典型工业机器人有 5~6 个关节，每个关节由一个伺服系统控制，多个关节的运动要求各个伺服系统协同工作。

2）工业机器人的工作任务是要求末端操作器的手部进行空间点位运动或连续轨迹运动，所以对工业机器人的运动控制，需要进行复杂的坐标变换运算以及矩阵函数的逆运算。

3）工业机器人的数学模型是一个多变量、非线性和变参数的复杂模型，各变量之间还存在着耦合，因此工业机器人的控制中经常使用前馈、补偿、解耦和自适应等复杂控制技术。

4）较高级的工业机器人要求对环境条件、控制指令进行测定和分析，采用计算机建立庞大的信息库，用人工智能的方法进行控制、决策、管理和操作，按照给定的要求，自动选择最佳控制规律。

3. 控制系统的组成

工业机器人控制系统由控制计算机、示教盒、操作面板等组成，如图 2-30 所示。

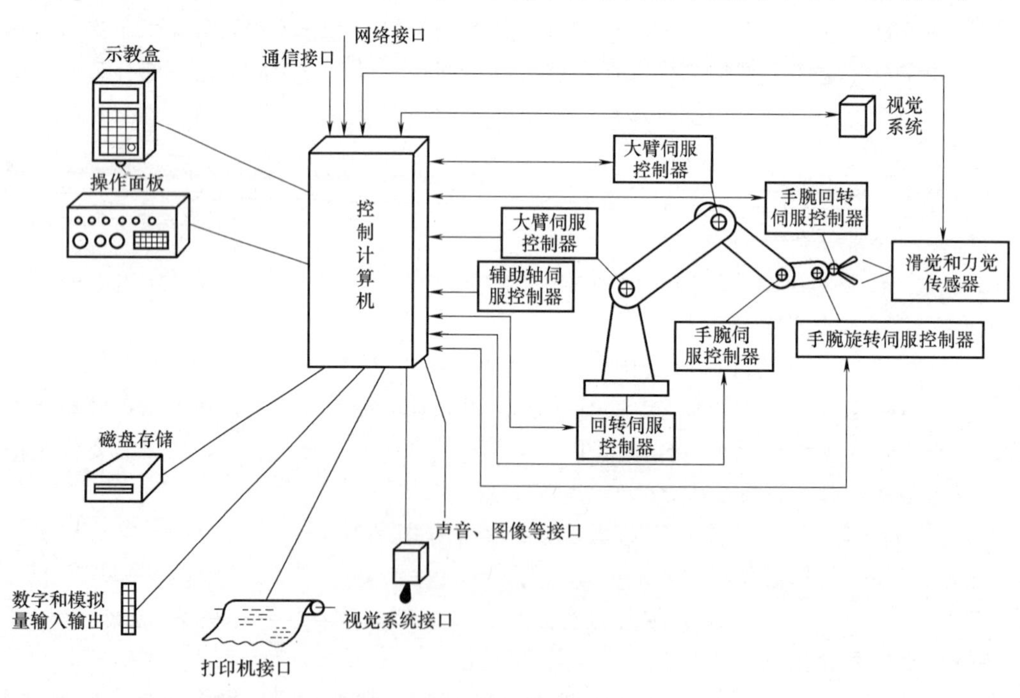

图 2-30　机器人控制系统组成

（1）控制计算机　是控制系统的调度指挥机构，一般为微型机，微处理器有 32 位、64 位等，如奔腾系列 CPU 以及其他类型 CPU。

（2）示教盒　示教盒示教机器人的工作轨迹和参数设定，以及所有人机交互操作，拥有自己独立的 CPU 以及存储单元，与控制计算机之间以串行通信方式实现信息交互。

（3）操作面板　由各种操作按键、状态指示灯构成，只完成基本功能操作。

（4）磁盘存储　是存储机器人工作程序的外围存储器。

（5）数字和模拟量输入输出　即各种状态和控制命令的输入或输出。

（6）打印机接口　用来记录需要输出的各种信息。

（7）传感器接口　用于信息的自动检测，实现机器人柔顺控制，一般为力觉、滑觉和视觉传感器。

（8）伺服控制器　完成机器人各关节位置、速度和加速度控制。

（9）辅助设备控制器　用于和机器人配合的辅助设备控制，如手爪变位器等。

（10）通信接口　实现机器人和其他设备的信息交换，一般有串行接口、并行接口等。

（11）网络接口　一种是 Ethernet 接口，可通过以太网实现数台或单台机器人的直接 PC 通信，数据传输速率高达 10Mbit/s，可直接在 PC 上用 Windows 库函数进行应用程序编程之后，支持 TCP/IP 通信协议，通过 Ethernet 接口将数据及程序装入各个机器人控制器中；另一种是 Fieldbus 接口，支持多种流行的现场总线类型，如 Devicenet、AB Remote I/O、Interbus-s、Profibus-DP、M-net 等。

4. 控制系统的分类

（1）程序控制系统　给每一个自由度施加一定规律的控制作用，机器人就可实现要求的空间轨迹。

（2）自适应控制系统　当外界条件变化时，为保证所要求的品质或随着经验的积累而自行改善控制品质，自适应控制过程是基于操作机的状态和伺服误差的观察调整非线性模型的参数，一直到误差消失为止。这种系统的结构和参数能随时间和条件自动改变。

（3）人工智能系统　事先无法编制运动程序，而是要求在运动过程中根据所获得的周围状态信息，实时确定控制作用。

（4）点位式控制系统　要求机器人准确控制末端执行器的位姿，与路径无关。

（5）轨迹式控制系统　要求机器人按示教的轨迹和速度运动。

（6）总线控制系统　也称国际标准总线控制系统。采用国际标准总线作为控制系统的控制总线，如 VME、Multi-bus、STD-bus、PC-bus。

（7）自定义总线控制系统　将生产厂家自行定义使用的总线作为控制系统总线。

（8）编程方式控制系统　它是一种物理设置编程系统，由操作者设置固定的限位开关，实现启动、停车的程序操作，只能用于简单的拾起和放置作业。

（9）在线编程控制系统　通过人的示教完成操作信息的记忆过程编程方式，分为直接示教、模拟示教和示教盒示教。

（10）离线编程控制系统　该系统不对实际作业的机器人直接示教，而是脱离实际作业环境生成示教程序，一般通过使用高级机器人编程语言、远程式离线生成机器人作业轨迹程序。

5. 控制系统的控制方式

机器人控制系统按其控制方式可分为集中控制系统、主从控制系统、分散控制系统 3 类。

（1）集中控制系统　集中控制系统用一台计算机实现全部控制功能，结构简单、成本低，但实时性差，难以扩展，在早期的机器人中常采用这种结构，其构成如图 2-31 所示。

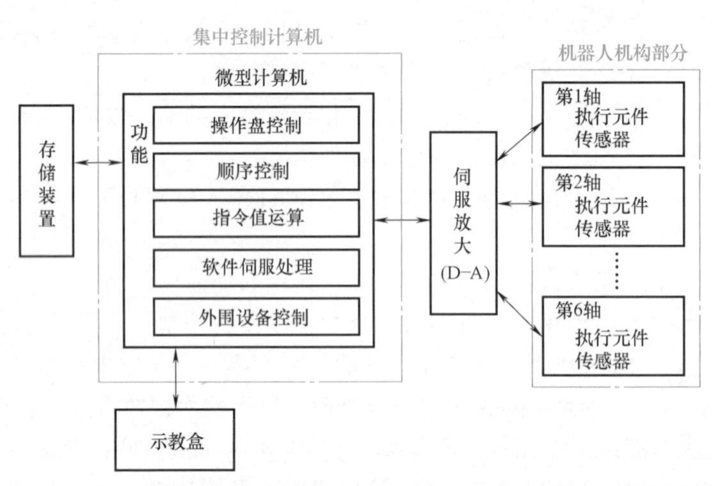

图 2-31　集中控制系统构成

（2）主从控制系统　主从控制系统采用主、从两级处理器实现系统的全部控制功能。主处理器实现管理、坐标变换、轨迹生成和系统自诊断等，从处理器实现所有关节的动作控制。其构成如图 2-32 所示。主从控制系统实时性较好，适于高精度、高速度控制，但其系统扩展性较差，维修困难。

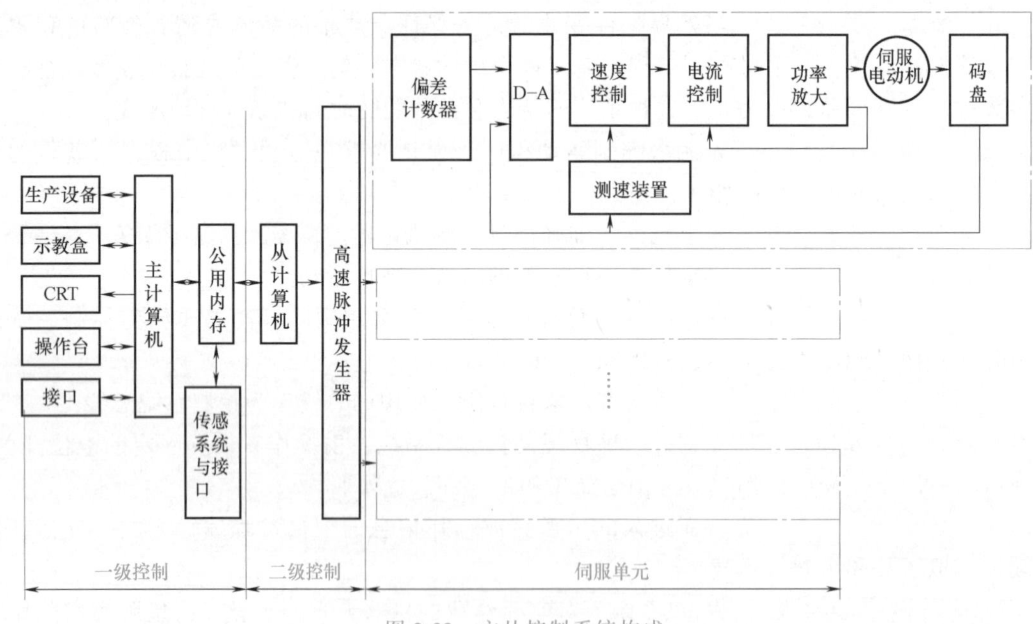

图 2-32　主从控制系统构成

（3）分散控制系统　分散控制系统按系统的性质和方式将控制系统分成几个模块，每一个模块各有不同的控制任务和控制策略，各模块之间可以是主从关系，也可以是平等关系。这种分散控制方式实时性好，易于实现高速、高精度控制，易于扩展，可实现智能控制，是目前流行的方式，其构成如图 2-33 所示。分散控制系统的主要思想是“分散控制，集中管理”，即系统对其总体目标和任务可以进行综合协调和分配，并通过子系统的协调工作来完成控制任务，整个系统在功能、逻辑和物理等方面都是分散的分散控制系统常采用两级控制方式。

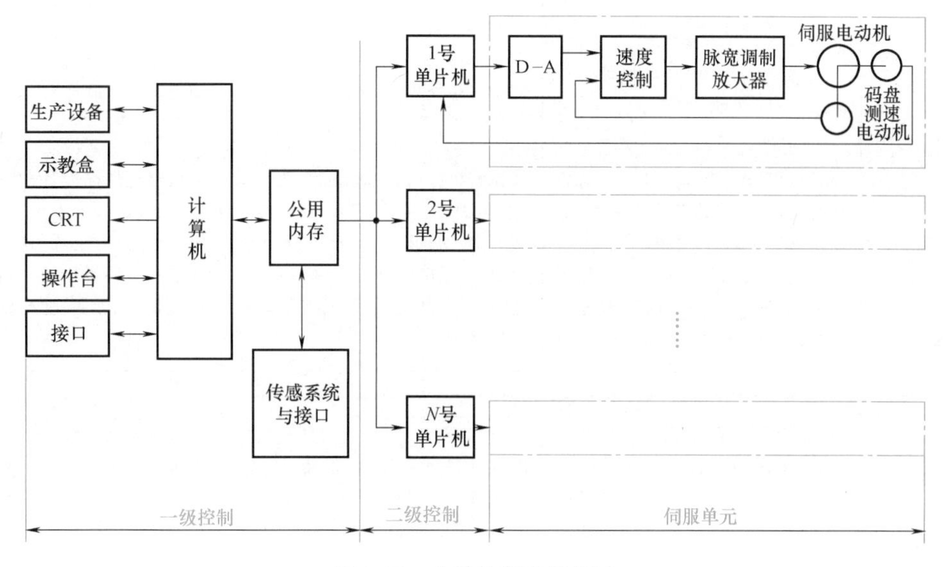

图 2-33 分散控制系统构成

分散控制系统的优点：系统灵活性好，控制系统的危险性降低；采用多处理器的分散控制，有利于系统功能的并行执行，提高了系统的处理效率，缩短了响应时间。

对于具有多自由度的工业机器人而言，集中控制对各个控制轴之间的耦合关系处理得很好，可以很简单地进行补偿。但是当轴的数量增加到使控制算法变得很复杂时，其控制性能会恶化，甚至导致系统的重新设计。与之相比，分散控制系统的每一个运动轴都由一个控制器处理，这意味着系统有较少的轴间耦合和较高的系统重构性。

2.4.3 驱动系统

工业机器人的驱动系统按动力源分为液压驱动系统、气动驱动系统和电动驱动系统三大类，3 种驱动系统的特点及适用范围见表 2-1。根据需要可由这 3 种基本类型组合成复合式的驱动系统。

表 2-1 3 种驱动系统的特点及适用范围

驱动类型	液压驱动系统	气动驱动系统	电动驱动系统
传动性能	适合中、大功率传动，传动平稳，无冲击，可达较高速度，液体不可压缩，故响应性能好	适合小功率传动，可达较高速度，但高速时有冲击，气体有可压缩性，阻尼效果差，故平稳性差	适合中、小功率传动，传动平稳、灵活、速度快
控制性能	控制、调节环节简单，在高、低速下都可将位置、速度控制到精确值，常用于伺服控制	控制、调节环节简单，在高速时要设缓冲或制动装置，低速不易控制速度，位置控制难以达到精确值，一般不能用于伺服控制	直流伺服电动机控制较简单，交流伺服电动机控制较复杂，速度、位置都可控制到精确值，常用于伺服控制
快速响应性能	很高	较高	很高
效率	0.3（节流调速）~0.6（容积调速）	0.15	0.5

2 PROJECT

（续）

驱动类型	液压驱动系统	气动驱动系统	电动驱动系统
安全性能	防爆性能好，液压油泄漏后有发生火灾的危险	防爆性能好	交流电动机防爆性能好，直流电动机电刷会产生火花，不防爆
结构性能	执行机构（直线液压缸、摆动液压马达）可做成独立的标准件，易实现直接驱动，相同条件下，体积小，自重轻，惯量小，密封问题很重要，泄漏影响工作性能和污染环境，需要液压站	执行机构（直线气缸、摆动气马达）可做成独立的标准件，易实现直接驱动，压力小（一般小于1MPa），输出力小，密封问题不突出，泄漏对环境无污染，需要气源供给系统	电动机是标准件，结构性能好，除特殊电动机（直接驱动电动机、大力矩电动机）外，一般电动机都要加减速器，不能直接驱动，加减速器后体积、惯量变大
安装维护	安装维护要求高。温度升高时，油液黏度降低，影响工作性能，需用冷却装置。油液要定期过滤、更换，密封件要定期更换，油液的泄漏影响工作性能，易发生火灾	安装要求不太高，能在高温、多粉尘条件下工作，无发热、爆炸、火灾等问题，维护简单，要求过滤水分及注意系统润滑、防锈问题	安装要求随传动方式而异，无管路系统，维护方便，对直流电动机要定时调整、更换电刷及注意防爆问题
成本	高	低	高
应用	适用于重负荷（1000N以上）的搬运、点焊等机器人，以及连续轨迹伺服控制的喷漆机器人等	适用于小负荷（200N左右）的有限点位控制的上、下料（搬运）器人，如压力机的快速上下料，尤其在手爪中应用广泛	适用于中小负荷（几十牛顿到几千牛顿）的搬运、焊接、喷漆、装配、涂胶等各种伺服控制机器人

1. 液压驱动

在机器人的发展过程中，液压驱动是较早被采用的驱动方式。世界上首先问世的商品化机器人 Unimate 就是液压机器人。液压驱动主要用于中、大型机器人和有防爆要求的机器人（如喷漆机器人）。液压驱动系统由液压站、执行机构、控制调节元件、辅助元件等组成。

（1）液压站　通常把由油箱、液压泵、过滤器和压力表等构成的单元称为液压站。通过电动机带动液压泵，把油箱中的低压油变为高压油，供给液压执行机构。机器人液压系统的油液工作压力一般为7~14MPa，常用的是7MPa。

（2）执行机构　液压系统的执行机构分为直线液压缸和回转液压缸，回转液压缸又称液压马达，转角小于360°的称为摆动液压马达。机器人运动部件的直线运动和回转运动，绝大多数都直接用直线液压缸和回转液压缸驱动，称为直接驱动方式。有时由于结构的需要，也可以用直线液压缸或回转液压缸经转换机构而产生回转或直线运动。

（3）控制调节元件　控制调节元件主要有控制整个液压系统压力的溢流阀，控制油液流向的二位三通电磁阀、二位四通电磁阀及单向阀，调节油液流量（速度）的单向节流阀、单向行程节流阀等。

（4）辅助元件　辅助元件有蓄能器、管路和管接头等。

液压机器人中应用较多的是电液伺服驱动系统。电液伺服驱动系统由电液伺服阀、液压缸及反馈部分构成，其作用是通过电气元件与液压元件组合在一起的电液伺服阀，把输入的微弱电控制信号经电气机械转换器（力矩马达）变换为力矩，经放大后驱动液压阀，进而控制液压驱动缸高压液流的流量（决定驱动缸活塞的移动速度或转子的转速）和压力（决定缸的推力或转矩），并借助反馈部分，构成高响应速度、高精度的液压闭环伺服驱动系统。

2. 气动驱动

机器人气动驱动系统以压缩空气为动力源。气动驱动机器人具有气源方便、系统结构简单、动作快速灵活、不污染环境以及维修方便、价格便宜、适合在恶劣工况（高温、有毒、多粉尘）条件下工作等特点，常用于压力机上下料、小型零件装配、食品包装及电子元件输送等作业中。由于气体可压缩，遇阻时具有容让性，因此也常用作机器人手爪的驱动源。气动驱动系统由气源、控制调节元件、辅助元件、执行机构等组成。

（1）气源　气动机器人可直接使用工厂压缩空气站的气源或自行设置气源，一般使用的气体压力约为0.5~0.7MPa，流量为200~500L/h。

（2）控制调节元件　控制调节元件包括气动阀、快速排气阀、调压器、制动器、限位器等。

（3）辅助元件　辅助元件包括空气过滤器、减压阀、油雾器、储气罐、压力表、管路等。通常把空气过滤器、油雾器和减压阀做成组装式结构，称为气动三联件。

（4）执行机构　机器人中用的是直线气缸、摆动气马达。直线气缸分单作用气缸和双作用气缸两种，多数机器人用双作用气缸，也有少数用单作用式气缸（如手爪机构）。角度受限的摆动气马达主要用于机器人的回转关节（如腕关节）。

（5）制动器　由于气缸活塞的速度较高（可达1.5m/s），因此要求机器人准确定位时，需采用制动器。制动方式有反压制动、制动装置（气动节流装置、液压阻尼或弹簧式阻尼机构）制动。

（6）限位器　限位器包括限位开关（接触式和非接触式）及限位挡块式锁紧机构（插销、滑块等）。

3. 电动驱动

现代工业机器人的技术发展趋势之一是采用电动驱动系统。电动驱动系统具有电能容易获得、导线传导方便、清洁无污染等优点，驱动电动机与它的控制系统具有相同的工作物理量——电，连接、变换快捷方便，而且适合工业机器人驱动的电动机品种日益增多，性能不断提高，所以负荷在1000N以内的中、小型机器人，已绝大部分采用了电动驱动系统。

电动驱动系统的主要组成部分有：位置控制器、速度控制器、信号和功率放大器、驱动电动机、减速器以及构成闭环伺服驱动系统不可缺少的位置和速度检测（反馈）部分。对于采用步进电动机的驱动系统，则没有反馈环节，构成的是开环系统。

工业机器人的常用驱动电动机有直流伺服电动机、交流伺服电动机和步进电动机3种。直流伺服电动机的控制电路较简单，系统价格较低廉，现在一般使用无刷直流电动机。交流伺服电动机结构较简单，无电刷，运行安全可靠，但控制电路较复杂，系统价格较高。步进电动机是以电脉冲使其转子产生转角的，控制电路较简单，不需要检测反馈环节，因此价格较低廉，但步进电动机的功率不大，不适用于大负荷的机器人。

2.4.4　传感系统

工业机器人上应用的各种传感器就像人体的各种感觉器官，能够及时反映机器人自身和相关对象及环境的各种状态，以便实现机器人自动而准确的操作。

1. 传感器的分类

工业机器人的传感器主要分为视觉传感器、听觉传感器、触觉传感器、力觉传感器和接近觉传感器五大类。不过从人类生理学观点来看，人的感觉可分为内部感觉和外部感觉，类似地，机器人传感器也可分为内部传感器和外部传感器，具体如图 2-34 所示。

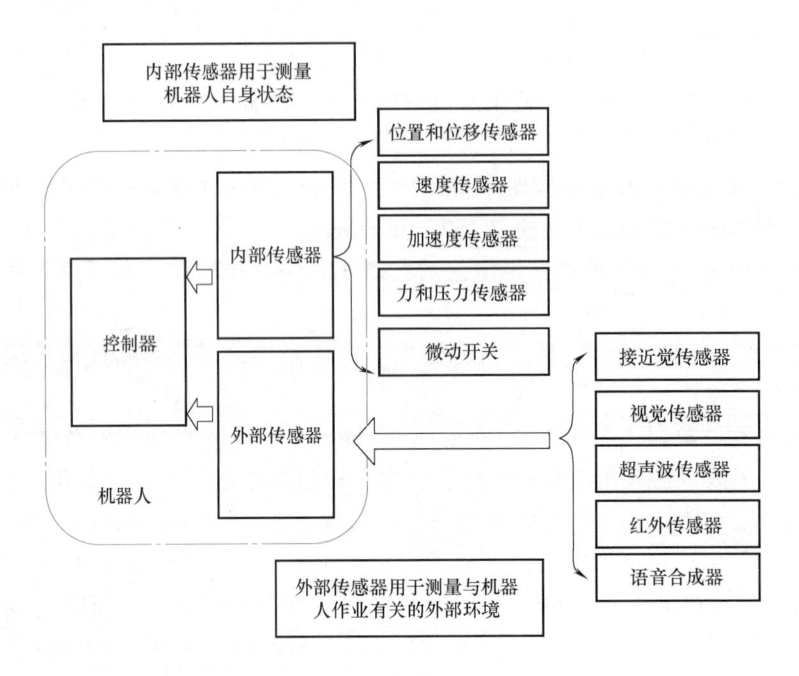

图 2-34 工业机器人的传感器分类

（1）内部传感器 机器人内部传感器的功能是测量运动学和力学参数，使机器人能够按照规定的位置、轨迹和速度等参数进行工作，感知自己的状态并加以调整和控制。内部传感器通常由位置和位移传感器、速度传感器、加速度传感器、力和压力传感器、微动开关等组成。

1）位置和位移传感器。工业机器人关节的位置控制是机器人最基本的控制要求，而对位置和位移的检测也是机器人最基本的感觉要求。按照位移的特征，位移可分为线位移和角位移。线位移指机构沿着某一条直线运动的距离，角位移指机构沿某一定点转动的角度。

位移传感器根据其工作原理和组成的不同有多种形式。常见的位移传感器类型有电阻式位移传感器、电容式位移传感器、电感式位移传感器、编码式位移传感器、霍尔元件位移传感器、磁栅式位移传感器等。

位置传感器有时也被称为接近开关，它测量的不是一段距离的变化量，而是通过检测，确定是否已到达某一位置。因此，它不需要产生连续变化的模拟量，而只需要产生能反映某种状态的开关量。位置传感器分为接触式和接近式两种。接触式传感器是能获取两个物体是否接触的信息的一种传感器，而接近式传感器是用来判别在某一范围内是否有某一物体的一种传感器。常见的位置传感器有电磁（感）式位置传感器、光电式位置传感器、霍尔元件位置传感器、超声波位置传感器等。

2）速度传感器。速度包括线速度和角速度，与之相对应的就有线速度传感器和角速度传感器，统称为速度传感器。速度传感器按安装形式分为接触式和非接触式两类，常用的有磁电式速度传感器、光电式速度传感器、离心式速度传感器、霍尔式速度传感器等。

机器人中最常用的速度传感器是测速发电机，它分为直流式和交流式两种。直流测速发电机在结构上就是一台小型直流发电机，其励磁方式分为他励式与永磁式两类。图 2-35 所示为直流测速发电机工作原理示意图，在励磁绕组中通上直流电，借以形成恒定磁场，当测速发电机被机器人回转轴带动旋转时，电枢绕组中就产生感应电动势 E。其数值与转速成正比，从而使机器人获得转速信息。在机器人中，交流测速发电机用得不多，多数情况下应用的是直流测速发电机，而且往往把它直接和机器人驱动电机的一个轴端组装在一起，形成驱动-测速单元。

3）加速度传感器。加速度传感器是一种能够测量加速度的传感器，加速度传感器一类用来测量角加速度，另一类用来测量直线加速度。加速度传感器用于为机器人动态控制提供信息。常用的加速度传感器有压电式加速度传感器、压阻式加速度传感器、电容式加速度传感器、伺服式加速度传感器等。

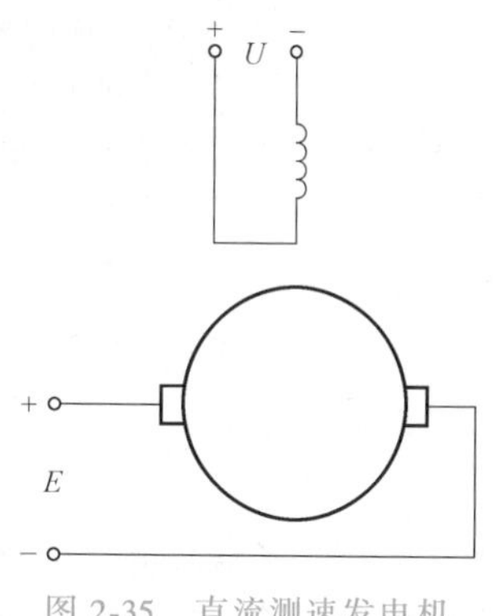

图 2-35 直流测速发电机工作原理示意图

（2）外部传感器 外部传感器主要用来检测机器人所处环境及目标状况，如是什么物体，离物体的距离有多远，抓取的物体是否滑落等，从而使机器人能够与环境发生交互作用并对环境具有自我校正和适应的能力。广义来看，机器人外部传感器就是具有人类五官感知能力的传感器。常用的外部传感器有：接近传感器、视觉传感器、超声波传感器、红外传感器和语音合成器等。

2. 工业机器人对传感器的要求

工业机器人对传感器的要求有：

（1）精度高，可靠性高 工业机器人在感知系统的帮助下，能够自主完成人类指定的工作。如果传感器的精度稍差，便会直接影响机器人的作业质量；如果传感器不稳定，或者可靠性不高，也很容易导致智能机器人出现故障。轻者导致工作不能正常运行，重者会造成严重的事故。

（2）抗干扰能力强 工业机器人的传感器往往工作在复杂的环境中，因此要求传感器具有抗电磁干扰、能在灰尘和油垢等恶劣环境长时间工作的能力。

（3）自重轻、体积小 对于安装在机器人手臂等运动部件上的传感器，自重一定要轻，否则会加大运动部件的惯性，影响机器人的运动性能。对于工作空间受到某种限制的机器人，其体积和安装方向的要求必不可少。

3. 视觉传感器

视觉传感器是组成智能机器人最重要的传感器之一，在工业机器人领域中，几乎都是采用工业摄像机作为视觉传感器。视觉传感器在机器人中的功能有 3 个：

1）进行位置测量。例如装配配时要找到装配对象物，并测量装配对象的位置和姿势。

2）进行图像识别。了解对象物体的特征，以与其他物体进行区分。

3）进行检验。了解加工结果，检查装配好的部件在形状和尺寸方面是否有缺陷等。

4. 听觉传感器

机器人听觉系统中的听觉传感器基本形态与麦克风相同，这方面的技术已经非常成熟。常用的声音传感器主要有动圈式传感器和光纤声传感器。关键技术是声音识别，即语音识别技术，它与图像识别同属于模式识别领域，而模式识别技术就是最终实现人工智能的主要手段。

5. 触觉传感器

触觉传感器装于工业机器人的运动部件或末端操作器上，用以判断机器人部件是否和对象物体发生了接触，以解决机器人的运动正确性问题，实现合理抓握或防止碰撞。传感器输出信号为0或1。常用的触觉传感器有微动开关、导电橡胶、含碳海绵、碳素纤维、气动复位式装置等。

6. 力觉传感器

力觉传感器指工业机器人对指、肢和关节等运动中所受力进行感知，用于测量机器人自身或与外界相互作用而产生的力或力矩的传感器。力觉传感器通常装在机器人各关节处。机器人作业过程是一个与周围环境的交互过程，分为非接触式和接触式两类：弧焊、喷漆等为非接触式，基本不涉及力；拧螺钉、点焊、装配、抛光、加工等为接触式，需监控作业过程中力的大小。力觉传感器使用的主要元件是电阻应变片。机器人的力觉传感器通常分为关节力传感器、腕力传感器和指力传感器3类。

7. 接近觉传感器

接近觉传感器指机器人能感知相距几毫米至几十厘米内对象物体的距离、表面性质的一种传感器。它一般装在机器人手部，是一种非接触的测量元件。机器人利用接近觉传感器可以感觉到近距离的对象物体或障碍物，能检测出物体的距离、相对倾角甚至对象物体的表面状态；可以用来避免碰撞，实现无冲击接近和抓取操作，它比视觉系统和触觉系统简单，应用也比较广泛。目前接近觉传感器有电磁感应式、光电式、电容式、气压式、超声波式、红外式以及微波式等多种类型。

8. 压觉传感器

压觉传感器是测量接触外界物体时所受压力和压力分布的传感器。它有助于机器人对接触对象的几何形状和硬度进行识别。压觉传感器的敏感元件可由各类压敏材料制成，常用的有压敏导电橡胶、由碳纤维烧结而成的丝状碳素纤维片和绳状导电橡胶的排列面等。

9. 滑觉传感器

一般可将机械手抓取物体的方式分为硬抓取和软抓取两种。硬抓取时，末端操作器利用最大的夹紧力抓取工件；软抓取时，末端执行器使夹紧力保持在能稳固抓取工件的最小值，以免损伤工件。机器人要抓住物体，必须确定最适当的握力大小。因此需检测出握力不够时物体的滑动，利用这一信号，可在不损坏物体的情况下牢牢抓住物体。

滑觉传感器用于判断和测量机器人抓握或搬运物体时物体所产生的滑移，它实际上是一种位移传感器，按有无滑动方向检测功能可分为无方向性、单方向性和全方向性3类。

2.5 技术参数

技术参数是机器人制造商在产品供货时所提供的技术数据。技术参数反映了机器人可胜任的工作，具有的最高操作性能等的情况，是选择、设计、应用机器人时必须考虑的数据。

1. 主要技术参数

工业机器人的主要技术参数包括自由度、精度和分辨率、作业范围、最大工作速度和承载能力等。

1）自由度。自由度指机器人所具有的独立坐标轴运动的数目，不包括末端操作器的开合自由度。自由度是表示机器人动作灵活程度的参数，自由度越多就越灵活，但结构越复杂，控制难度越大，所以机器人的自由度要根据其用途设计，一般为3~6个。

大于6个的自由度称为冗余自由度。冗余自由度增加了机器人的灵活性，可方便机器人避开障碍物和改善机器人的动力性能。人类的手臂（大臂、小臂、手腕）共有7个自由度，所以工作起来很灵巧，可回避障碍物，并可从不同的方向到达同一个目标位置。

2）精度和分辨率。定位精度和重复定位精度是机器人的两个精度指标。定位精度指机器人末端操作器的实际位置与目标位置之间的偏差，由机械误差、控制算法与系统分辨率等部分组成。重复定位精度指在同一环境、同一条件、同一目标动作、同一命令之下，机器人连续重复运动若干次时其位置的分散情况，是关于精度的统计数据。因重复定位精度不受工作载荷变化的影响，故通常用重复定位精度这一指标作为衡量示教再现工业机器人水平的重要指标。

分辨率指机器人每根轴能够实现的最小移动距离或最小转动角度。精度和分辨率不一定相关。一台设备运动的精度指命令设定的运动位置与该设备执行此命令后能够达到的运动位置之间的差距，分辨率则反映了实际需要的运动位置和命令所能够设定的位置之间的差距。

3）作业范围。作业范围是机器人运动时手臂末端或手腕中心所能到达的所有点的集合，也称为工作区域。末端操作器的形状和尺寸多种多样，为真实反映机器人的特征参数，作业范围指不安装末端操作器时的工作区域。作业范围的大小不仅与机器人各连杆的尺寸有关，而且与机器人的总体结构形式有关。某工业机器人的作业范围如图2-36所示。

作业范围的形状和大小十分重要，机器人在执行某作业时，可能会因存在手部不能到达的盲区而不能完成任务。

4）最大工作速度。生产机器人的厂家不同，其所指的最大工作速度也不同。有的厂家的最大工作速度指工业机器人主要自由度上最大的稳定速度，有的厂家的最大工作速度指手臂末端最大的合成速度，对此通常都会在技术参数中加以说明。最大工作速度越高，其工作效率越高。但是，工作速度大就要花费更多的时间加速或减速，或者对工业机器人的最大加速率或最大减速率的要求就更高。

5）承载能力。承载能力指机器人在作业范围内的任何位姿上所能承受的最大质量。承载能力不仅取决于负载的质量，而且与机器人运行的速度和加速度的大小和方向有关。为保证安全，将承载能力这一技术指标确定为高速运行时的承载能力。通常，承载能力不仅指负载质量，也包括机器人末端操作器的质量。目前使用的工业机器人，其承载能力范围较大，最大质量可达900kg。

2. 几种工业机器人的主要技术参数

KUKA、ABB、YASKAWA、FANUC等工业机器人的主要技术参数见表2-2~表2-6。

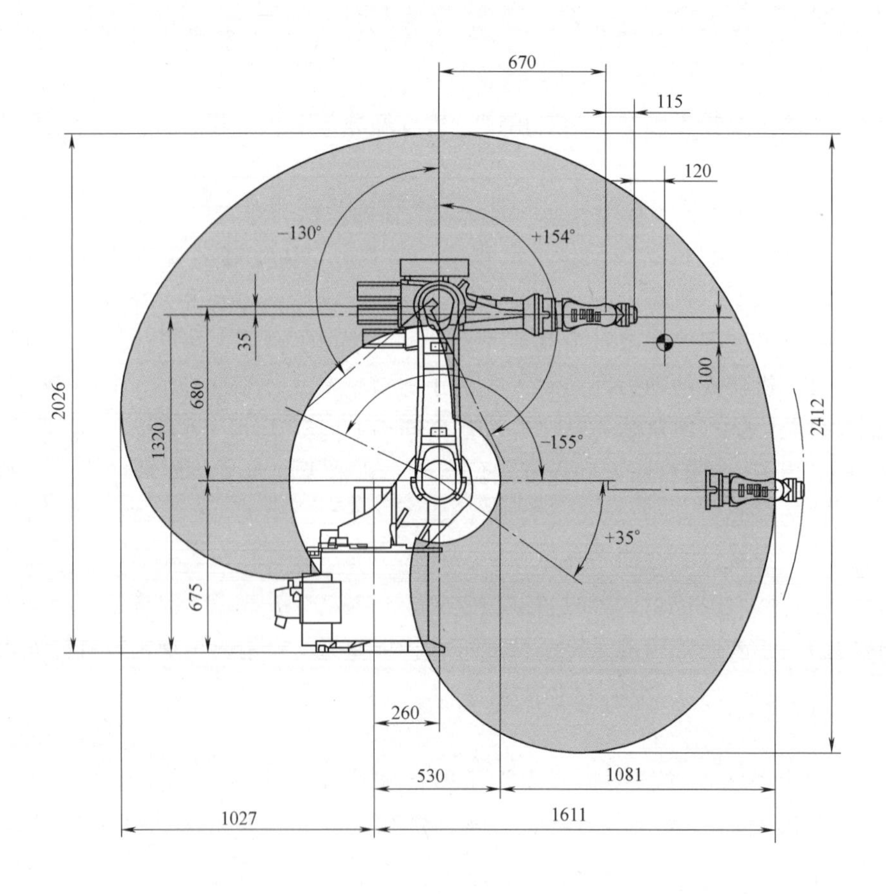

图 2-36 某工业机器人的作业范围

表 2-2 KUKA KR16-2 工业机器人的主要技术参数

参数名称	数值	
额定负载/kg	16	
附加负载/kg	10	
结构形式	串联	
控制轴数	6	
工作半径/mm	1611	
重复精度/mm	±0.05	
工作轴	最大工作范围	最大速度/(°/s)
第 1 轴	-185°~+185°	156
第 2 轴	-155°~+35°	156
第 3 轴	-130°~+154°	156
第 4 轴	-350°~+350°	330
第 5 轴	-130°~+130°	330
第 6 轴	-350°~+350°	615
本体质量/kg	235	

表 2-3 ABB IRB 1600 工业机器人的主要技术参数

参数名称	数值	
额定负载/kg	6	
结构形式	串联	
控制轴数	6	
工作半径/mm	1200	
重复精度/mm	±0.02	
工作轴	最大工作范围	最大速度/(°/s)
第 1 轴	-180°~+180°	150
第 2 轴	-63°~+110°	160
第 3 轴	-235°~+55°	170
第 4 轴	-200°~+200°	320
第 5 轴	-115°~+115°	400
第 6 轴	-400°~+400°	460
本体质量/kg	250	

表 2-4 YASKAWA MOTOMAN-SIA50D 工业机器人的主要技术参数

参数名称	数值	
额定负载/kg	50	
结构形式	串联	
控制轴数	7	
工作半径/mm	1630	
重复精度/mm	±0.1	
工作轴	最大工作范围	最大速度/(°/s)
第 1 轴	-180°~+180°	170
第 2 轴	-60°~+125°	130
第 3 轴	-170°~+170°	130
第 4 轴	-35°~+215°	130
第 5 轴	-170°~+170°	130
第 6 轴	-125°~+125°	130
第 7 轴	-180°~+180°	200
本体质量/kg	640	
电源功率/kV·A	5.0	

表 2-5 FANUC M-710iC/50 工业机器人的主要技术参数

参数名称	数值	
额定负载/kg	50	
结构形式	串联	
控制轴数	6	
工作半径/mm	2050	
重复精度/mm	±0.07	
工作轴	最大工作范围	最大速度/(°/s)
第 1 轴	360°	175
第 2 轴	225°	175
第 3 轴	440°	175
第 4 轴	720°	250
第 5 轴	720°	250
第 6 轴	720°	355
本体质量/kg	560	
控制系统	R-30iA	

表 2-6 新松 SRB500A 工业机器人的主要技术参数

参数名称	数值	
额定负载/kg	500	
结构形式	垂直多关节	
控制轴数	6	
工作半径/mm	2225	
重复精度/mm	±0.5	
工作轴	最大工作范围	最大速度/(°/s)
第 1 轴	-180°~+180°	75
第 2 轴	-90°~+50°	65
第 3 轴	-150°~+220°	65
第 4 轴	-300°~+300°	100
第 5 轴	-120°~+120°	100
第 6 轴	-360°~+360°	160
本体质量/kg	2450	
电源功率/kV·A	15.0	

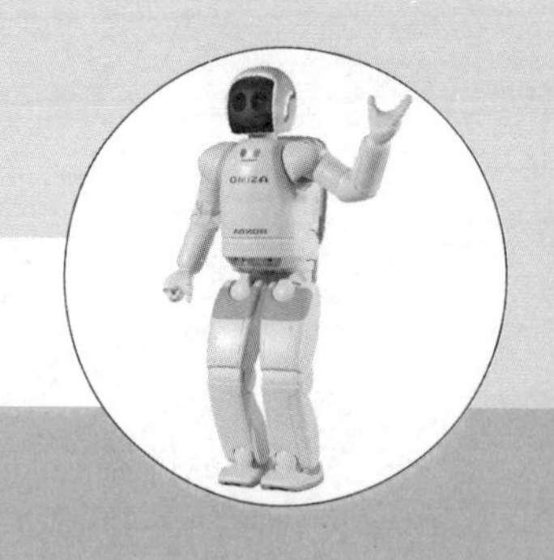

项目3 工业机器人的基本操作

随着工业的快速发展，工业机器人应用的范围越来越广，作为生产一线的工程师应具体地了解机器人相关的技术术语以及技术知识，如工业机器人坐标系的含义、程序的编辑、物理I/O的应用技术、网络协议的功能以及与外围设备间的联系等。本章将简单介绍工业机器人的相关技术知识及操作方法，更详细的信息需读者查阅相关资料获得。

3.1 基本知识

1. 专业术语

（1）机械手/机器人　也可称为操作机，具有和人臂相似的功能，可在空间抓放物体或进行其他操作的机械装置。

（2）驱动器　将电能或流体能转换成机械能的动力装置。

（3）末端操作器　位于机器人腕部末端、直接执行工作要求的装置，如夹持器、焊枪、焊钳等。

（4）位姿　工业机器人末端操作器在指定坐标系中的位置和姿态。

（5）工作空间　工业机器人执行任务时，其腕轴交点能在空间活动的范围。

（6）机械零点　工业机器人各自由度共用的，机械坐标系中的基准点。

（7）工作零点　工业机器人工作空间的基准点。

（8）速度　机器人在额定条件下，匀速运动过程中，机械接口中心或工具中心点在单位时间内移动的距离或转动的角度。

（9）额定负载　工业机器人在限定的操作条件下，其机械接口处能承受的最大负载(包括末端操作器)，用质量或力矩表示。

（10）重复位姿精度　工业机器人在同一条件下，用同一方法操作时，重复/t次所测得的位姿一致程度。

（11）轨迹重复精度　工业机器人机械接口中心沿同一轨迹跟随/x次所测得的轨迹之间的一致程度。

（12）点位控制　控制机器人从一个位姿到另一个位姿，其路径不限。

（13）连续轨迹控制　控制机器人的机械接口，按编程规定的位姿和速度在指定的轨迹上运动。

（14）存储容量　计算机存储装置中可存储的位置、顺序、速度等信息的容量，通常用时间或位置点数表示。

(15) 外部检测功能 机器人对外界物体状态和环境状况等的检测能力。

(16) 内部检测功能 机器人对本身的位置、速度等状态的检测能力。

(17) 自诊断功能 机器人判断本身全部或部分状态是否处于正常的能力。

2. 坐标系

为了确定机器人的位置和姿态，需要在机器人或空间上建立位置指标系统，这个系统通常称为坐标系。为了使用方便，常见的坐标系有世界坐标系（WORLD）、根坐标系（ROBROOT）、基坐标系（BASE）、法兰坐标系（FLANGE）和工具坐标系（TOOL），如图 3-1 所示。

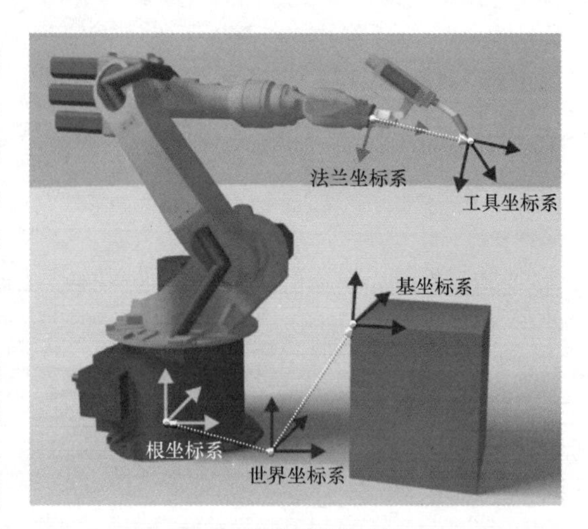

图 3-1 工业机器人常见坐标系

(1) 世界坐标系 世界坐标系通常被固定在空间上的标准直角坐标系中，由系统规划事先确定的位置，用来说明机器人在世界坐标系中的安装位置，是其他直角坐标系的基础。世界坐标系在机器人供货状态下与根坐标系一致。

(2) 根坐标系 根坐标系是由机器人系统确定、被固定在机器人足部的直角坐标系，根坐标系的零点是机器人的零点。

(3) 基坐标系 基坐标系是一个可自由定义、用户定制的直角坐标系，用来说明基坐标在世界坐标系中的位置，一般用于工装测量。

(4) 法兰坐标系 法兰坐标系是被固定在机器人法兰上的直角坐标系，其位置由机器人系统确定，零点为机器人法兰中心，是工具坐标系的参照。

(5) 工具坐标系 工具坐标系是一个可自由定义、用户定制的直角坐标系。工具坐标系零点（Tool Center Point，TCP），即工具中心点，用于工具测量。

3. 操作模式

(1) 模式种类

1) T1（手动慢速运行）用于测试运行、编程和示教。程序执行时和点动运行时的最高速度为 250mm/s。

2) T2（手动快速运行）用于工艺测试运行。程序执行时的速度等于编程设定的速度，点动运行无法进行。

3) AUT（自动运行）用于不带上位控制系统的工业机器人。程序执行时的速度等于编程设定的速度，点动运行无法进行。

4) AUT EXT（外部自动运行）用于带上位控制系统（PLC）的工业机器人。程序执行时的速度等于编程设定的速度，点动运行无法进行。

(2) 安全提示

1) 手动模式 T1 和 T2。手动模式用于调试工作。调试工作指所有机器人在自动运行前必须进行的相关测试工作，其中包括示教/编程，在手动模式下执行程序（测试/检验）。在新编程或进行过程序修改后，必须先在 T1 模式下进行测试。

① 在 T1 操作模式下，操作人员在防护装置（防护门）之外，应尽可能减少防护装置隔离区域内停留的人数。如果需要有多个工作人员在防护装置隔离区域内停留，则必须注意的事项有：所有人员必须能够不受妨碍地看到机器人系统；必须保证所有人员之间都可以直接看到对方；操作人员必须选定一个合适的操作位置，使其可以看到危险区域并避开危险。

② 在 T2 操作模式下，操作人员在防护装置（防护门）之外，只有在必须以大于 T1 的速度进行测试时，才允许使用此操作模式。在这种操作模式下，不得进行示教。在测试前，操作人员必须确保使能装置功能完好，通过以 T2 操作模式运行程序达到编程设定的速度，操作人员及其他人员必须处于危险区域之外。

2）自动和外部自动操作模式。自动和外部自动操作模式必须配备安全、防护装置，且其功能必须正常，所有人员应位于防护装置隔离区域之外。

（3）模式切换　操作模式的切换步骤如下：

1）将 KCP（控制盘）上的模式选择开关置于图 3-2 所示位置。

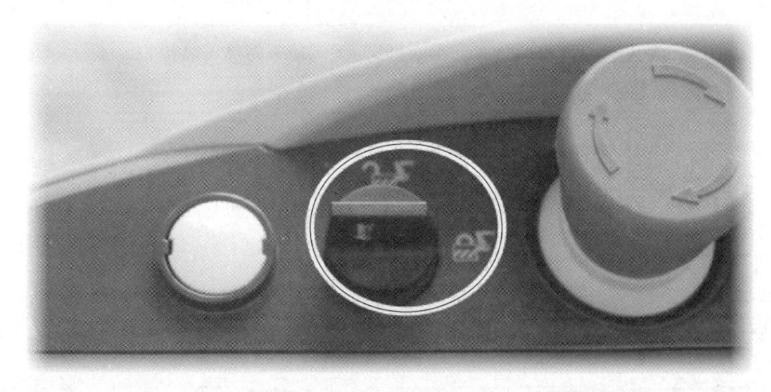

图 3-2　KCP 模式选择

2）选择操作模式，操作模式有 T1（手动慢速运行）和 T2（手动快速运行）。

3）将模式选择开关置于初始位置，如图 3-3 所示，已选定的模式会在 SmartPAD 的状态栏显示。

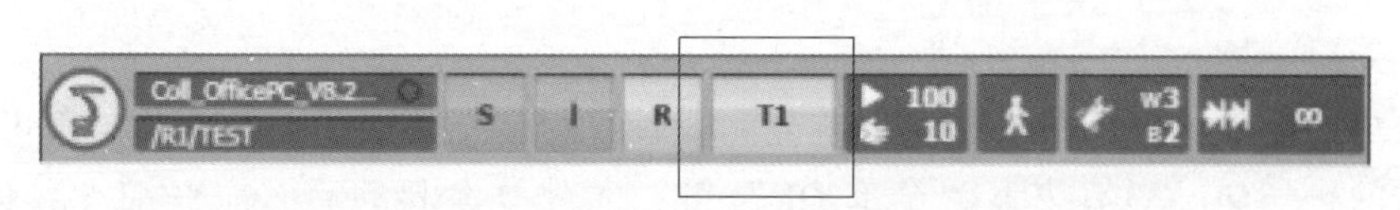

图 3-3　模式选择

4. 信息查看

信息窗口和信息计数如图 3-4 所示。其中①进行信息计数，即各类型信息的数量；②是信息窗口，显示信息类型。

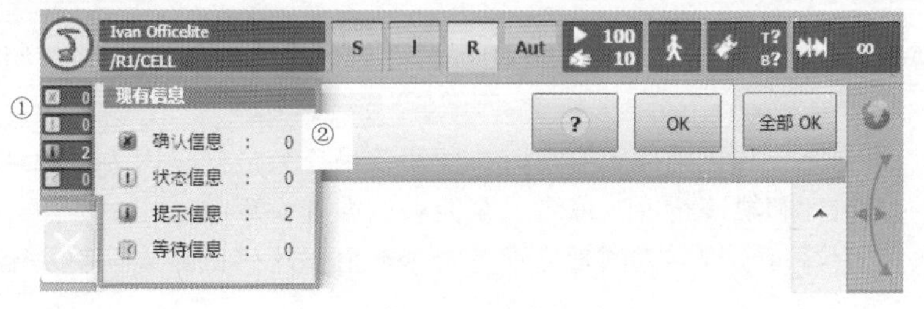

图 3-4　信息窗口和信息计数

(1) 信息类型及含义　**信息分为确认、状态、提示、等待和对话信息，各信息的含义见表 3-1。**

表 3-1　信息类型及含义

图标	类型	含义
	确认信息	• 显示需操作者确认后才可恢复程序执行的信息(如确认紧急停止) • 存在确认信息时,机器人停机或无法起动
	状态信息	• 显示控制器当前状态的信息(如紧急停止中) • 只要这种状态存在,状态信息就无法被确认
	提示信息	• 显示有关正确操作机器人的信息(如需要启动键) • 提示信息可被确认,但如果该信息不导致控制器停机,也可无须确认
	等待信息	• 说明控制器等待的事件,可以是状态、信号或时间 • 可通过选"模拟"键手动取消等待信息
	对话信息	• 使操作者实现人机交互(如相关信息的显示) • 信息窗口中的各种键,对应不同的回答方式

(2) 信息处理　信息会对机器人操作功能起作用。例如，确认信息总是引发机器人停机或无法起动。为了使机器人运动，需先对确认信息予以确认。

"OK"（确认）键的使用提醒操作者慎重地对机器人工况进行确认。用"OK"键可对单个可确认的信息予以确认，用"全部 OK"键可一次性确认所有可确认的信息。

信息中始终包括日期和时间，以便为追溯相关事件提供准确的时间，如图 3-5 所示。

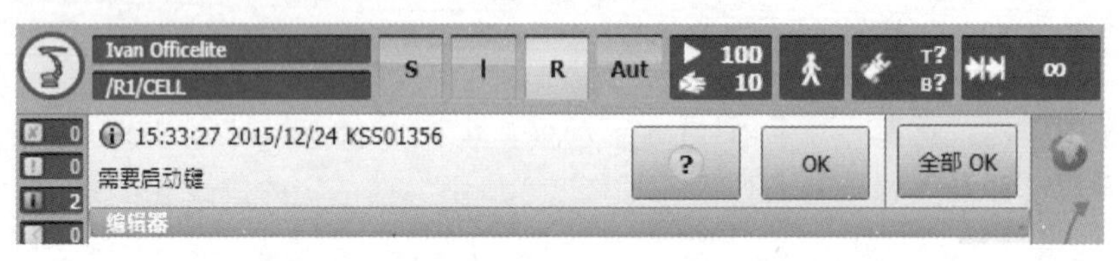

图 3-5　信息组成

信息处理的建议：仔细阅读信息。首先阅读较早的信息，因为一些新信息很可能是之前的信息导致的，切勿轻率地按下"全部 OK"键，尤其是在起动后，应仔细查看信息列表。为了显示所有信息，只要单击信息窗口，即可展开信息列表。

查看及确认信息的操作步骤如下：

1）单击信息窗口，以展开信息列表。

2）用"OK"键来对单条信息进行确认，或者用"全部 OK"键对所有信息同时进行确认。

3）单击信息列表最上边一条信息或单击屏幕左侧边缘上的"X"，将关闭信息列表。

5. 零点标定

工业机器人得到充分和正确标定零点时，使用效果才会最好。因为只有这样，机器人才能达到它最高的点精度和轨迹精度，或者完全能够以编程设定的动作运动。

零点标定时，会给每个机器人的轴分配一个基准值，这样机器人控制系统可识别到轴位于何处。

完整的零点标定过程包括为每一个轴标定零点。通过技术辅助工具即电子控制仪可为任何一根轴在机械零点位置指定一个基准值（如 0°），因为这样可以使轴的机械位置和电气位置保持一致，所以每一根轴都有一个唯一的角度值。

所有机器人的零点标定位置都相似，但不尽相同。精确位置在同一机器人型号的不同机器人之间也会有所不同。

如果机器人轴未经零点标定，则会严重限制机器人的功能：无法编程运行；不能沿编程设定的点运行；无法进行笛卡儿坐标手动运行；不能在坐标系中移动；软件限位开关关闭。

对于已删除零点的机器人，软件限位开关已关闭。机器人可能会驶向终端止挡的缓冲器，由此可能使其受损，以致必须更换。因此，尽可能不运行删除零点的机器人，或尽量减小手动倍率。

机器人的 6 轴如图 3-6 所示。机械零点位置的角度值（即基准值）见表 3-2。

表 3-2 机器人机械零点位置的角度值

机器人型号 工作轴	Quantec 系列	2000、KR16 系列等
A1	-20°	0°
A2	-120°	-90°
A3	+110°	+90°
A4	0°	0°
A5	0°	0°
A6	0°	0°

原则上机器人必须时刻处于已标定零点的状态。在以下情况下必须进行零点标定：在调试时；在对参与定位值感测的部件采取了维护措施之后；当未用控制系统移动了机器人轴时；进行了机械修理后；更换齿轮箱后；以高于 250mm/s 的速度撞到一个终端止挡上之后；机器人发生碰撞后。

零点标定可通过确定轴的机械零点的方式进行，如图 3-7 所示。

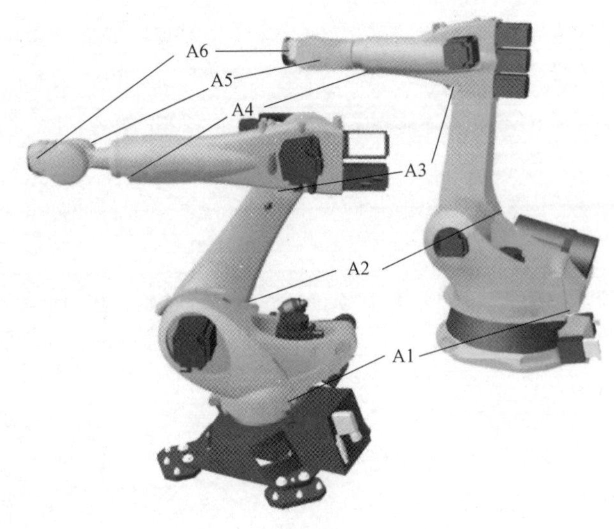

图 3-6 机器人的 6 轴

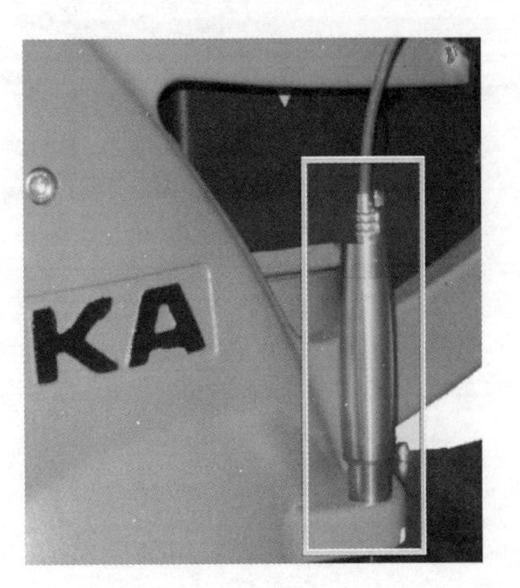

图 3-7 零点标定

3.2 坐标系

3.2.1 世界坐标系

机器人工具可以沿着世界坐标系的坐标方向运动，如图 3-8 所示。在此过程中，所有机器人轴都会参与运动。

操作机器人时，可使用点动键或 KUKA SmartPAD 上的 6D 鼠标。默认情况下，世界坐标系位于机器人足部（底座），运行速度可被修改（点动速度倍率：HOV），仅在 T1 模式下才能点动运行，运动前需先按下使能键。操作 6D 鼠标，可以很直观地控制机器人的运动，同时也是在世界坐标系下控制机器人的理想方式。6D 鼠标相对机器人本体的方位设置和受控自由度均可修改。

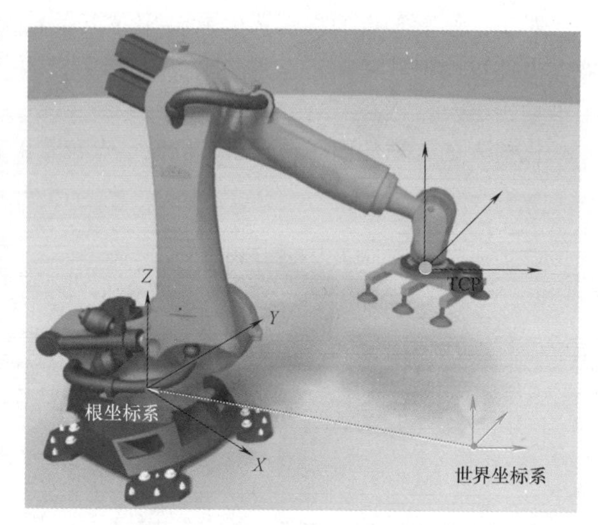

图 3-8　机器人在世界坐标系下运动

在世界坐标系下，机器人的运动方式有两种，如图 3-9 所示。

1）沿坐标系的坐标轴方向平移（直线）：X、Y、Z。

2）环绕着坐标系的坐标轴方向转动（旋转/回转）：角度 A、B 和 C。

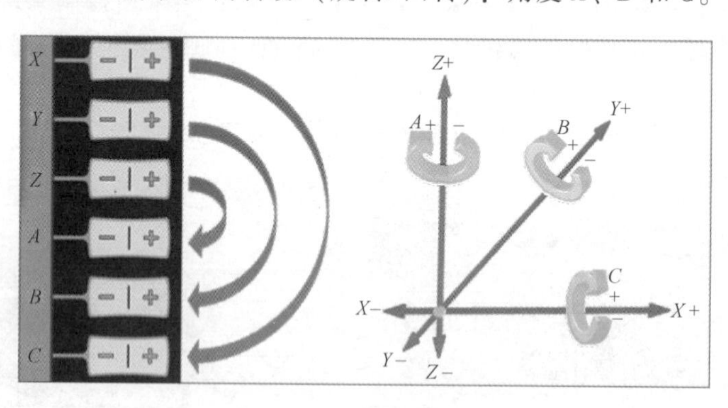

图 3-9　运动方式

机器人接收到一个运动指令时（如按了点动键后），控制器先计算运动路径（路径的起始点是工具中心点（TCP），路径的方向由世界坐标系给定），然后控制所有轴的运动，使工具沿该路径运动（平移或转动）。

1. 优点

世界坐标系运行的优点是：

1）机器人的运动始终可预测。

2）因为零点和坐标方向是给定的，运动路径也就始终唯一。

3）机器人只要经过零点标定，就可使用世界坐标系。

4）通过 6D 鼠标操作非常直观。

2. 操作

所有运动方式可通过 6D 鼠标控制，具体操作如下：

1）平移：推拉 6D 鼠标，如图 3-10 所示。

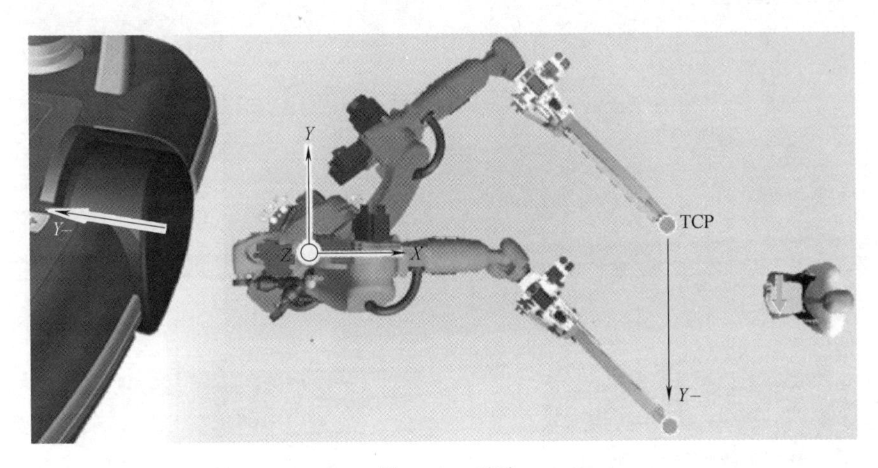

图 3-10　平移

2）转动：旋转 6D 鼠标，如图 3-11 所示。

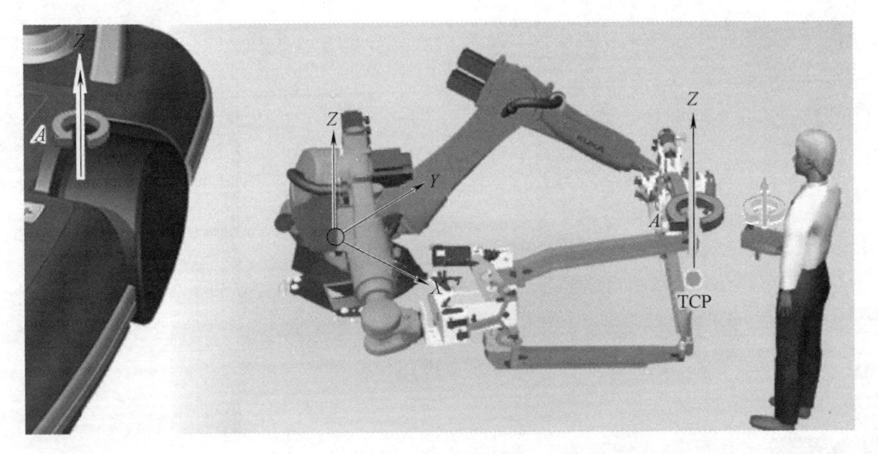

图 3-11　转动

3）相对位置：可根据操作者与机器人之间的相对位置调整 6D 鼠标的相对位置，如图 3-12 所示。

3. 选用

选择使用世界坐标系的具体操作步骤如下：

1）通过移动滑块来调节 KCP 的相对位置，如图 3-13 所示。

2）选择“全局”作为 6D 鼠标的控制选项，如图 3-14 所示。

3）设定点动速度倍率，如图 3-15 所示。

4）将“使能”键按至中间档位并保持。使能键分布在 3 个位置，如图 3-16 所示。

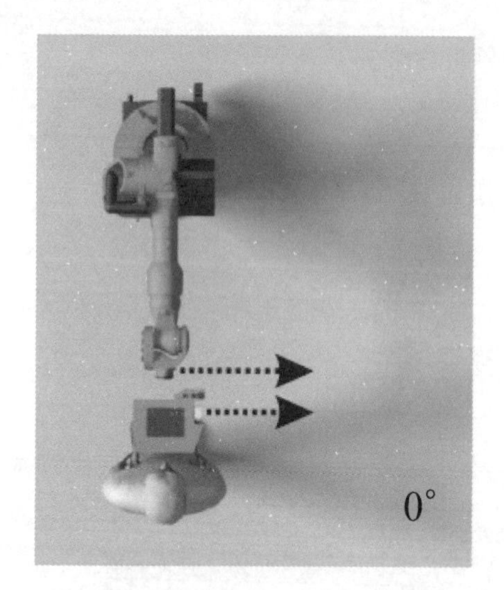

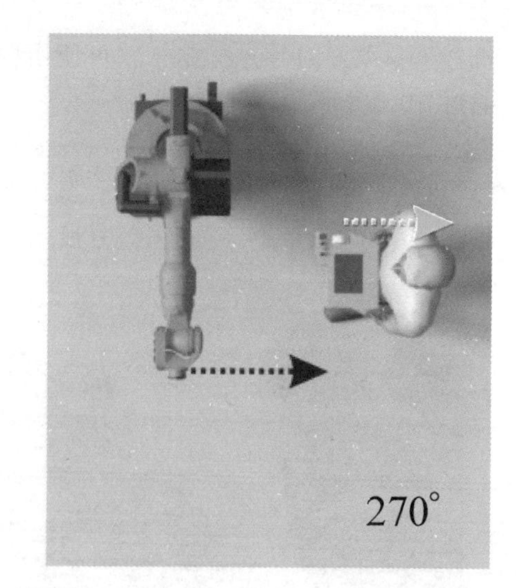

图 3-12　相对位置的调整

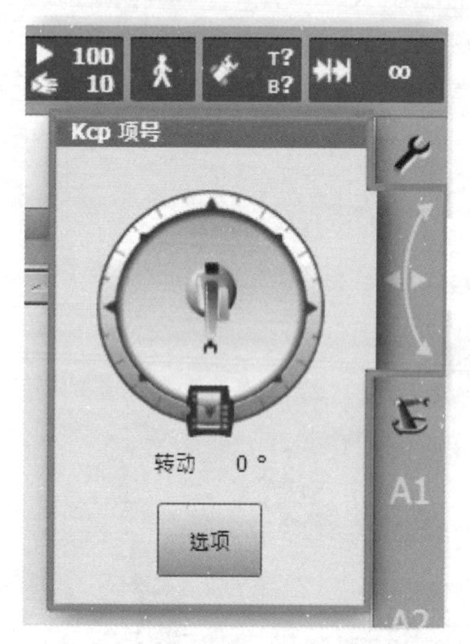

图 3-13　移动滑块调整位置

图 3-14　选择全局坐标系

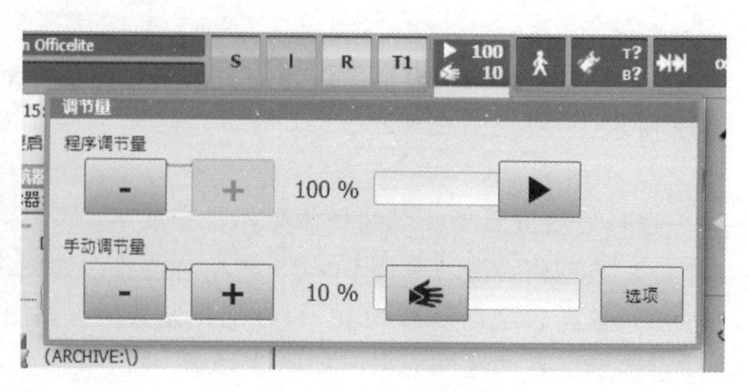

图 3-15　设定点动速度倍率

5）用6D鼠标将机器人朝所需方向移动，如图3-17所示。

6）使用点动键精确调整，如图3-18所示。

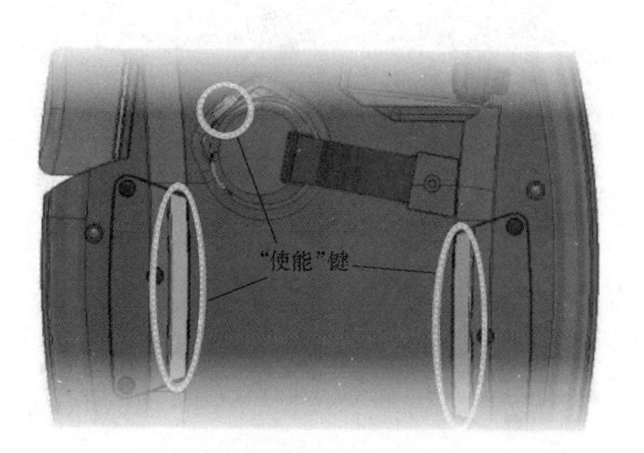

图3-16　“使能”键按至中间档位

图3-17　6D鼠标运动方向

3.2.2　工具坐标系

在工具坐标系中点动运行，就是按照工具标定的坐标方向移动机器人，如图3-19所示。坐标系并非固定的。

在机器人动作时，所有机器人轴都会相互配合，参与移动，而哪些轴会协调移动由系统决定，并因运动情况不同而不同。

图3-18　点动键

工具坐标系的零点与工具的作业点相对应。KUKA SmartPAD上的点动按键和6D鼠标被用于点动操作，有16个工具坐标系可供使用，运行速度可被修改，仅在T1模式下才能点动运行，运动前需先按下使能键。点动运行时，未经标定的工具坐标系等同于法兰坐标系，如图3-20所示。

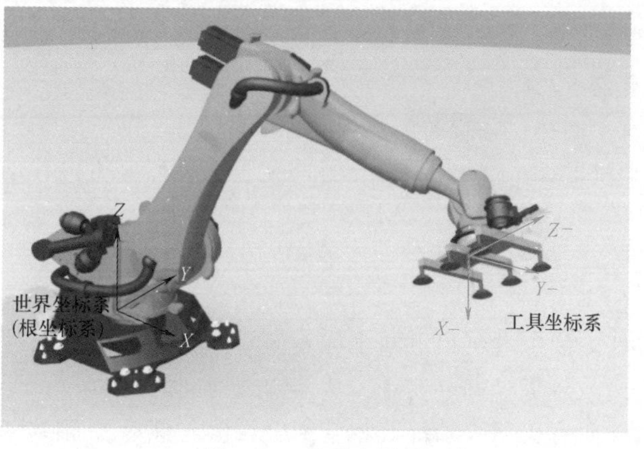

图3-19　工具坐标系

在工具坐标系中，机器人有两种运动方式：

1）沿坐标系的坐标轴方向平移（直线）：X、Y、Z。

2）环绕着坐标系的坐标轴方向转动（旋转/回转）：角度 A、B 和 C。

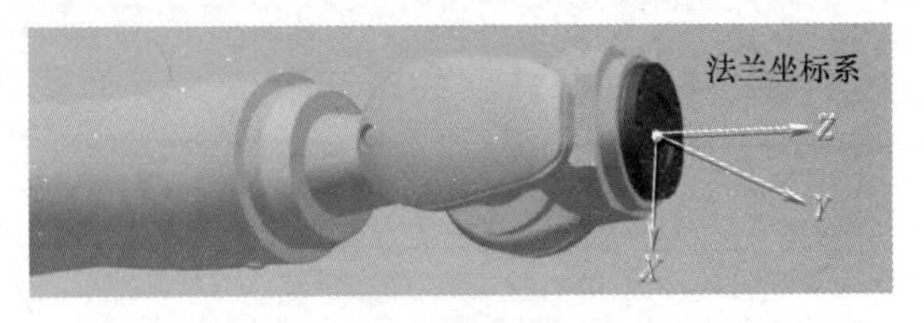

图 3-20　法兰坐标系

1. 优点

工具坐标系运行的优点是：

1）确定了工具坐标系，即可预测机器人的运动。

2）可以沿工具作业方向移动或者围绕 TCP 调整方向。

3）工具作业方向指工具的工作方向或者工序方向。如粘胶喷嘴的胶粘剂喷出方向，抓取部件时的抓取方向等。

2. 选用

选择使用工具坐标系的具体操作步骤如下：

1）选择使用工具坐标系，如图 3-21 所示；选择工具编号，如图 3-22 所示。

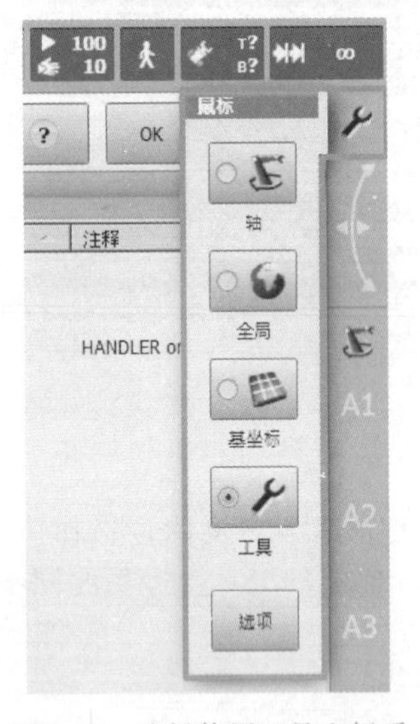

图 3-21　选择使用工具坐标系

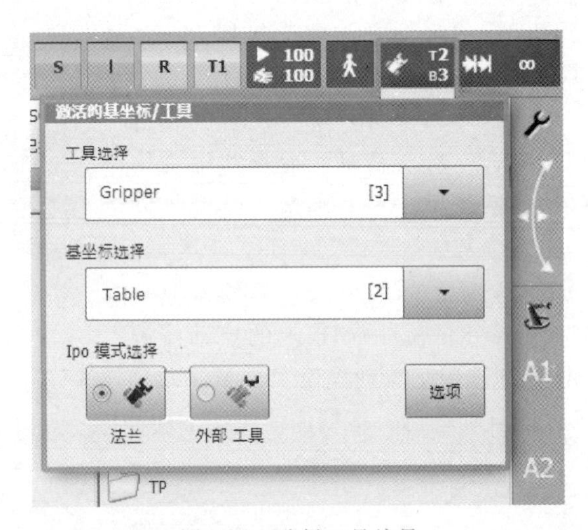

图 3-22　选择工具编号

2）设定点动速度倍率。

3）将使能键按至中间档位并保持。

4）用点动键移动机器人，或者用 6D 鼠标将机器人朝所需方向移动，如图 3-23 所示。

3.2.3　基坐标系

基坐标系如图 3-24 所示。

基坐标系中，机器人的工具可以沿基坐标系的坐标方向运动，独立标定基坐标系，并可沿工件边缘、工件支座或者货盘调整姿态，从而实现便利的运动。

在机器人动作时，所有机器人轴都会相互配合，参与移动，而哪些轴会协调移动由系统决定，并因运动情况不同而不同。KUKA SmartPAD 的点动按键或 6D 鼠标可用于点动操作，有 32 个基坐标系可供使用，运行速度可被修改，仅在 T1 模式下才能点动运行，运动前需先按下使能键。

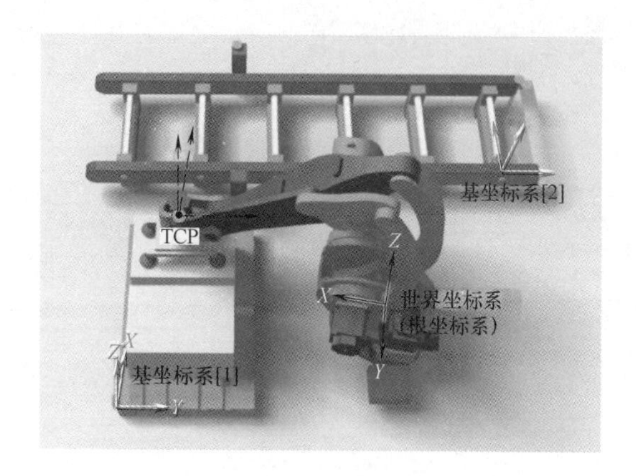

图 3-23 用 6D 鼠标移动机器人

图 3-24 基坐标系

在基坐标系中，机器人有两种运动方式：

1）沿坐标系的坐标轴方向平移（直线）：X、Y、Z。

2）环绕着坐标系的坐标轴方向转动（旋转/回转）：角度 A、B 和 C。

收到一个运动指令时（如按下点动键后），控制器首先计算路径。该路径的起点是工具中心点（TCP），路径的方向由基坐标系给定。控制器控制所有轴的运动，使工具沿该路径运动（平移或转动）。

1. 优点

基坐标系运行的优点是：

1）只要基坐标系已知，机器人的运动始终可预测。

2）可用 6D 鼠标直观操作，前提条件是操作员必须相对机器人以及基坐标系正确站立。

3）如果标定了正确的工具坐标系，则可在基坐标系中围绕 TCP 调整方向。

2. 选用

选择使用基坐标系的具体操作步骤如下：

1）选择基坐标系，如图 3-25 所示。

2）选择工具坐标系和基坐标系编号，如图 3-26 所示。

3）设定点动速度倍率。

4）将使能键按至中间档位并保持。

5）用点动键朝所需的方向移动机器人，或者用 6D 鼠标将机器人朝所需方向移动。

3.2.4 当前位置

机器人当前位置可通过两种不同方式显示：

（1）轴坐标显示　轴坐标显示如图 3-27 所示。显示每根轴的当前轴角：等于与轴的零位之间的角度绝对值。

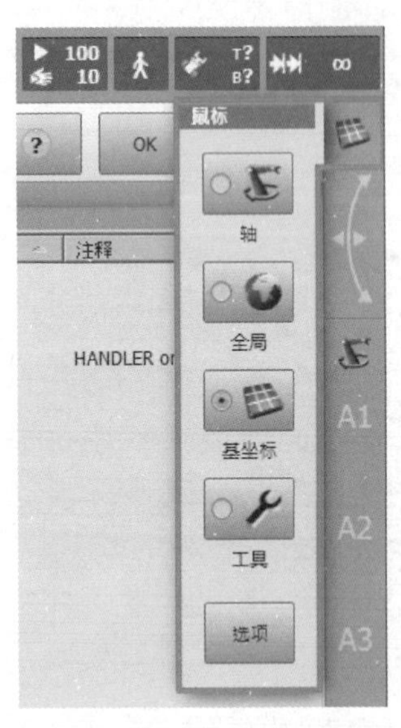

图 3-25 选择基坐标系

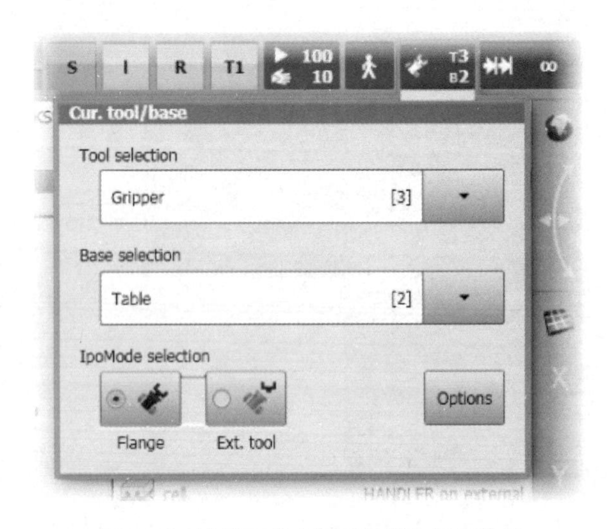

图 3-26 选择工具坐标系和基坐标系编号

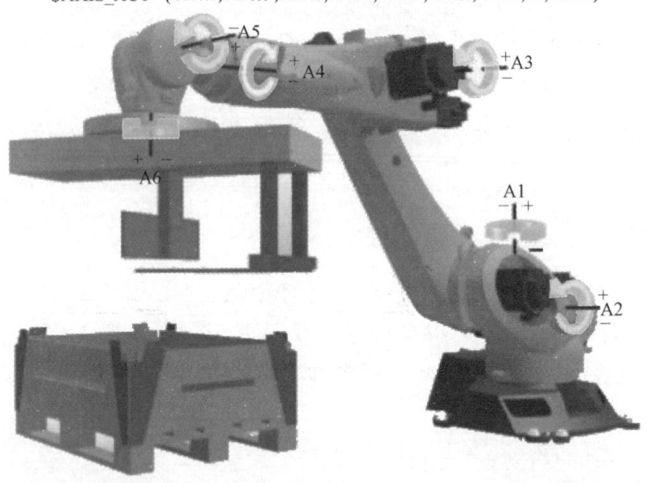

图 3-27 轴坐标显示

(2) 笛卡儿坐标显示 笛卡儿坐标如图 3-28 所示。

在当前所选的基坐标系中显示当前 TCP 的当前位置（工具坐标系）：在没有选择工具坐标系时，默认选择法兰坐标系；在没有选择基坐标系时，默认选择世界坐标系。

在基坐标系中显示笛卡儿位置：如图 3-29 所示，机器人的位置相同，但位置数据是完全不同的值。

在相应的基坐标系中显示工具坐标系（即 TCP）的位置：对于基坐标系零点，这相当于机器人根坐标系（通常也就是世界坐标系）。仅当选择了正确的基坐标系和工具坐标系时，笛卡儿坐标系中的实际位置显示值才是可参考的。

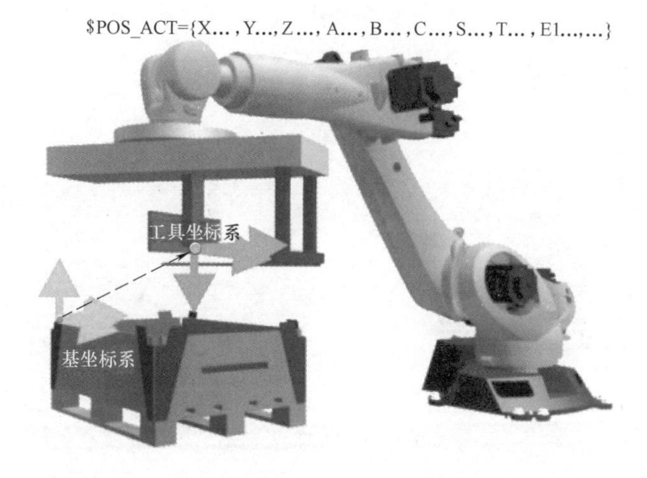

图 3-28　笛卡儿坐标显示

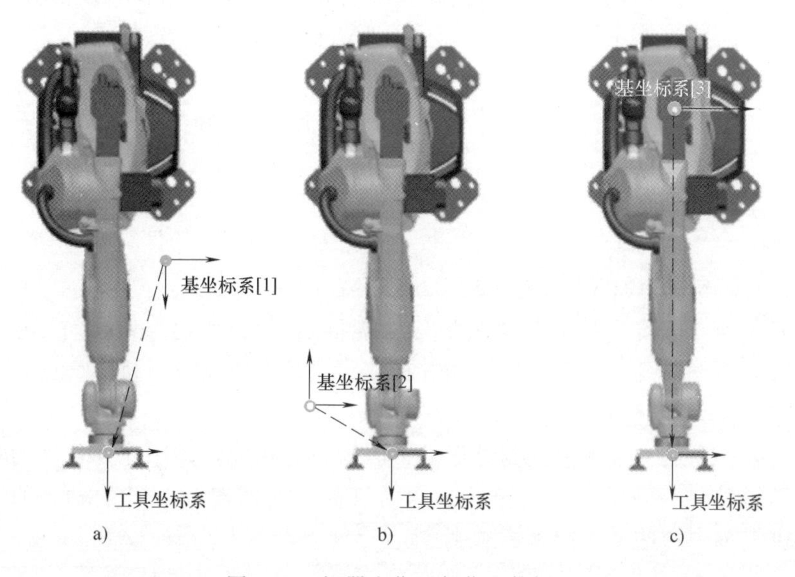

图 3-29　机器人位置与位置数据

3.3　基本编程

3.3.1　运动指令

1. 种类

如要从点 *P*8 运动到点 *P*9，有不同的运动方式供运动指令的编程使用，如图 3-30 所示。可根据对机器人工作流程的要求进行运动编程。

1）轴相关的运动：SPTP（点到点）。

2）沿轨迹的运动：SLIN（线性）和 SCIRC（圆周）。

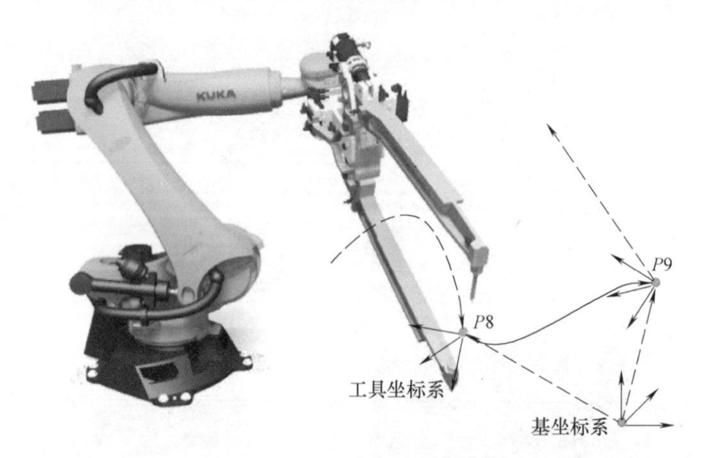

图 3-30　机器人运动

用示教方式对机器人运动进行编程时，必须输入相应的信息，如机器人的运动方式、位置、速度等。为此应使用联机表单，如图 3-31 所示。在该表格中可以很方便地输入这些信息。

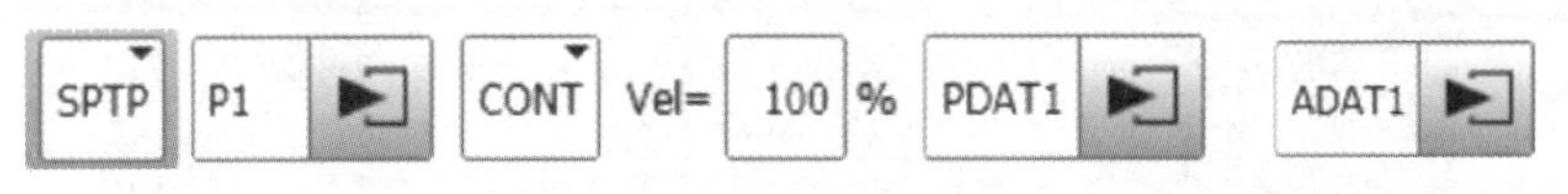

图 3-31　运动编程的联机表单

2. 轴运动指令（SPTP）

轴的点到点（SPTP）运动如图 3-32 所示。

轴相关的运动：机器人将 TCP 沿最快速轨迹移动到目标点。最快速的轨迹通常不是最短的轨迹，通常不是直线。由于机器人轴进行旋转运动，所以弧形轨迹会比直线轨迹更快。

同步 PTP（点到点）：所有轴同时启动并且同步停下。

程序中的第一个运动必须为点到点运动，因为只有在此运动中才评估轴的状态和转角方向。运动的具体过程不可预见。主导轴是达到目标点所需时间最长的轴，如图 3-33 所示，这时应将联机表单中的速度一起考虑进去。

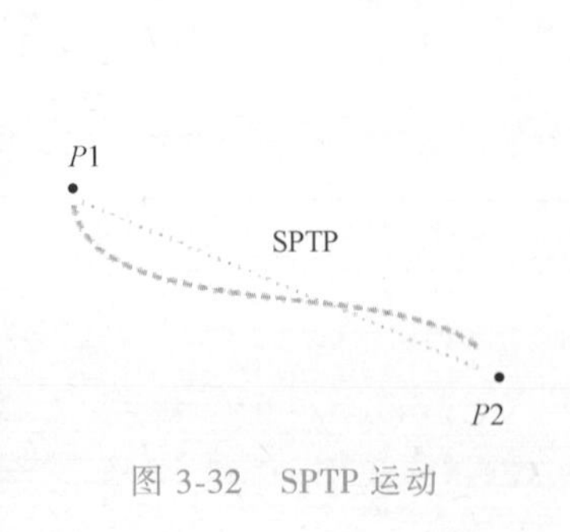

图 3-32　SPTP 运动

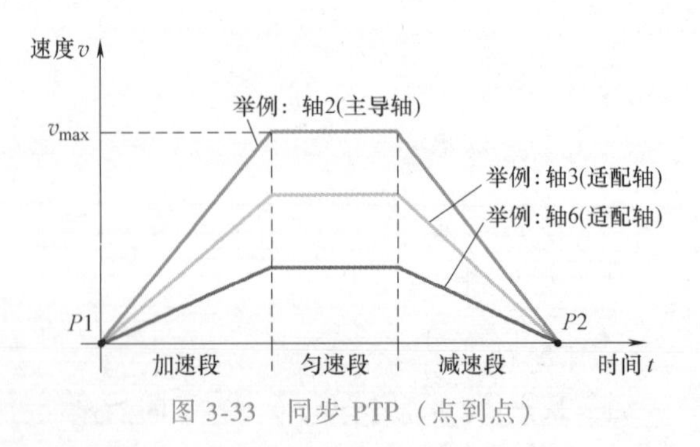

图 3-33　同步 PTP（点到点）

状态（Status）和转向（Turn）：状态和转向用于从多个可能的轴位中为 TCP 的同一位置确定一个唯一的轴位。由于状态值和转向角的不同，轴位置随之不同，如图 3-34 所示。

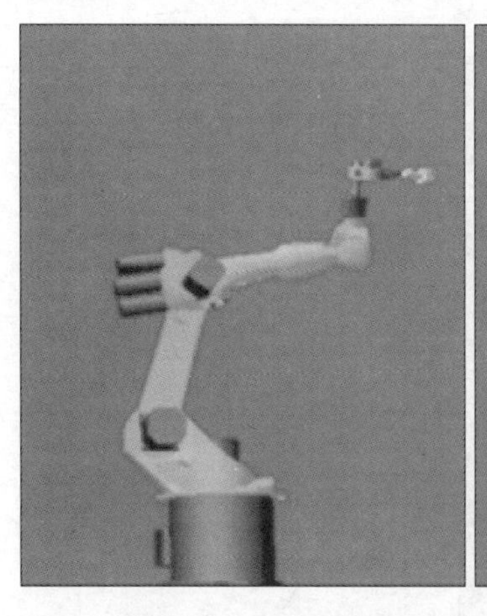

状态值=1，转向角=46

状态值=2，转向角=43

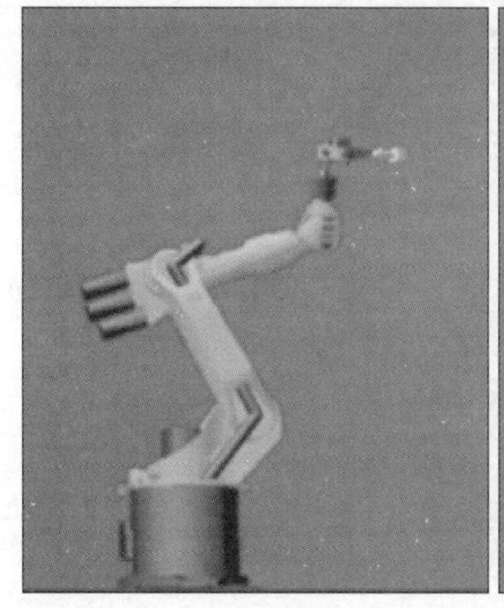

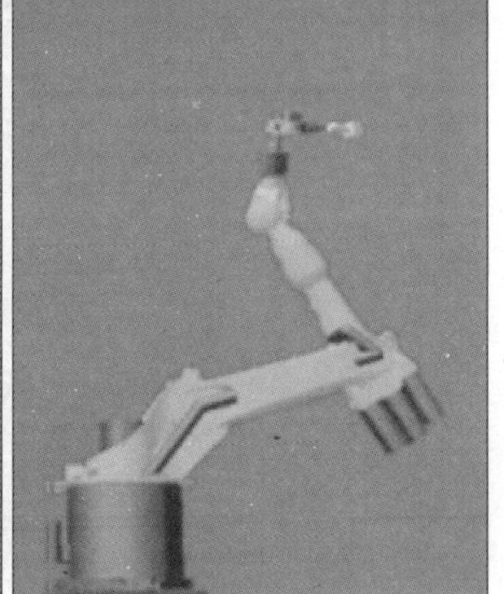

状态值=6，转向角=59

状态值=4，转向角=63

图 3-34　状态值与转向角

机器人控制系统仅在 SPTP（或 PTP）运动时才会考虑编程设置的状态值和转向角。在轨迹运动（CP）时会将它们忽略。因此，KRL 程序中的第一个运动指令必须是一个完整 SPTP（或 PTP）指令，以便定义一个唯一的起始位置。

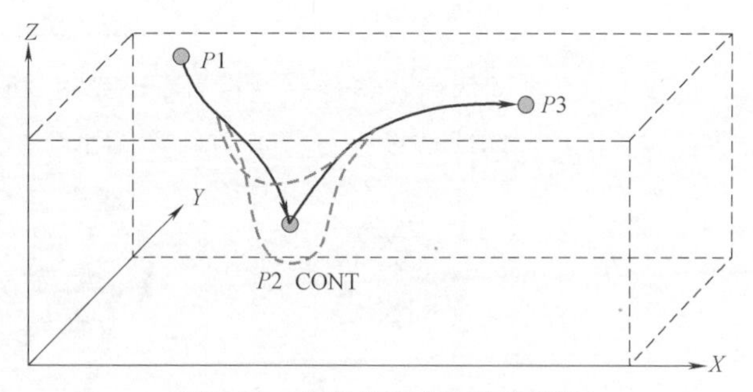

图 3-35　点到点运动的轨迹逼近

轨迹逼近如图 3-35 所示。为了加速运动过程，控制器可以用 CONT 标示的运动指令进行轨迹逼近。TCP 被引导沿着轨迹逼近轮廓运行，该轮廓止于下一个运动指令的精确保持轮廓。

轨迹逼近的特点如图 3-36 所示。

由于这些点之间不再需要制动和加速，所以运动系统受到的磨损减少。由此节拍时间得以优化，程序可以更快地运行。

3 PROJECT

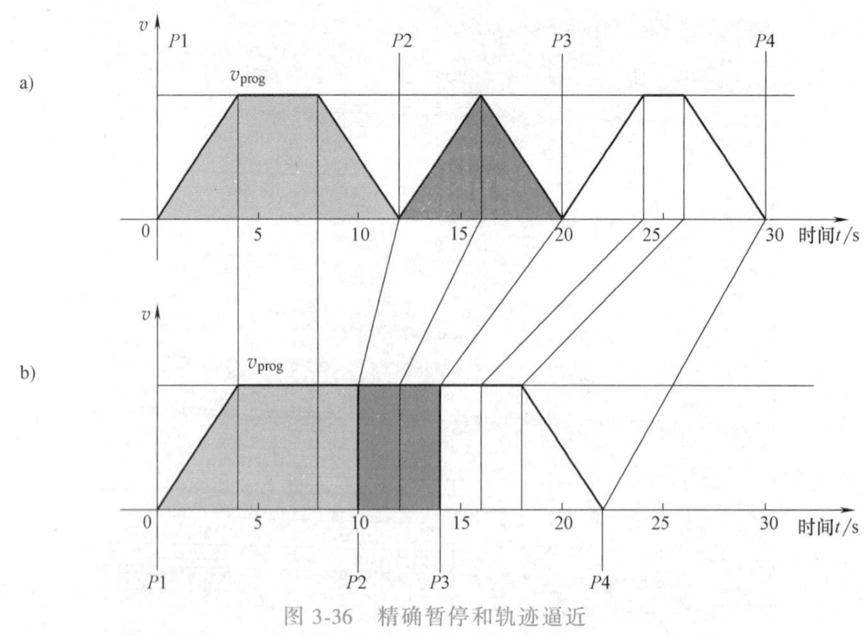

图 3-36　精确暂停和轨迹逼近

a）精确暂停　b）轨迹逼近

为了能够执行轨迹逼近运动，控制器必须能够读入当前运动之后的运动语句，这一过程通过计算机预进读入实现。

SPTP 中的轨迹逼近特点见表 3-3。

表 3-3　SPTP 中的轨迹逼近特点

运动方式	特征	设置
P1　SPTP　P3　P2 CONT	轨迹逼近不可预见	%或 mm

创建 SPTP 运动的前提条件是已设置运行方式 T1，已选定机器人程序。操作步骤如下：

1）将 TCP 移向应被设为目标点的位置，如图 3-37 所示。

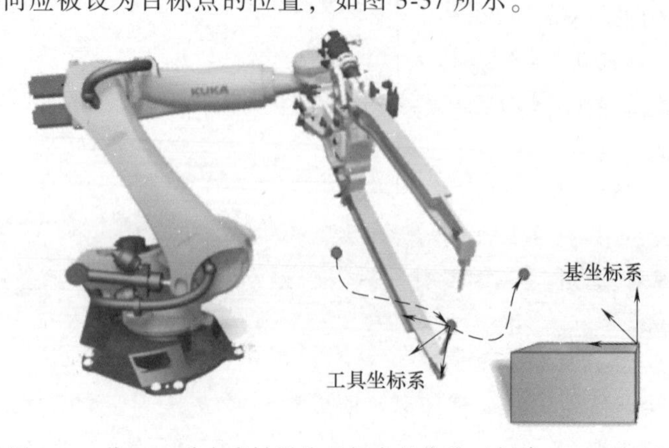

图 3-37　将 TCP 移向应被设为目标点的位置（创建 SPTP 运动）

2）将光标置于其后应添加运动指令的那一行中。

3）菜单序列：指令>运动>SPTP，或者可在相应行中直接按下“运动”键，SPTP 联机表单出现，如图 3-38 所示。

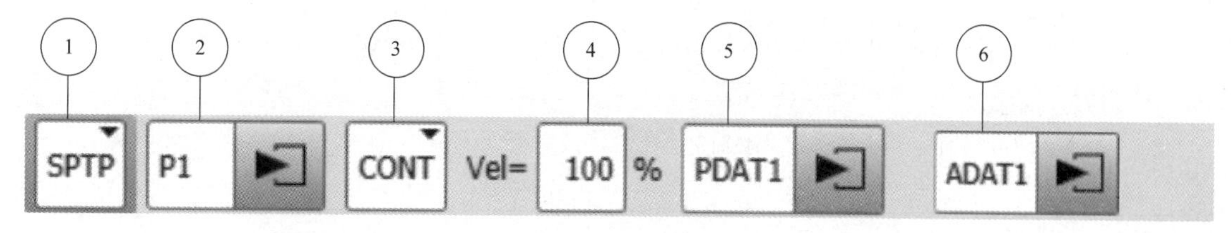

图 3-38 SPTP 联机表单

4）在联机表单中输入参数。参数的含义见表 3-4。

表 3-4 联机表单中参数的含义

序号	含义
①	运动方式 SPTP
②	目标点的名称。系统自动赋予一个名称，名称可以被改写。需要编辑点数据时可触摸箭头，相关选项窗口即自动打开
③	CONT：目标点被轨迹逼近 [空白]：将精确地移至目标点
④	速度 SPTP 时速度为 1%～100% SLIN 时速度为 0.001～2m/s
⑤	运动数据组名称。系统自动赋予一个名称，名称可以被改写。需要编辑点数据时可触摸箭头，相关选项窗口即自动打开
⑥	通过切换参数可显示和隐藏该栏目 含逻辑参数的数据组名称。系统自动赋予一个名称。名称可以被改写。需要编辑数据时可触摸箭头，相关选项窗口即自动打开

5）在选项窗口输入框（Frames）中输入工具和基坐标系的正确数据，以及关于插补模式的数据（外部 TCP：开/关）和碰撞监控的数据，如图 3-39 所示。坐标系选项窗口中的参数含义见表 3-5。

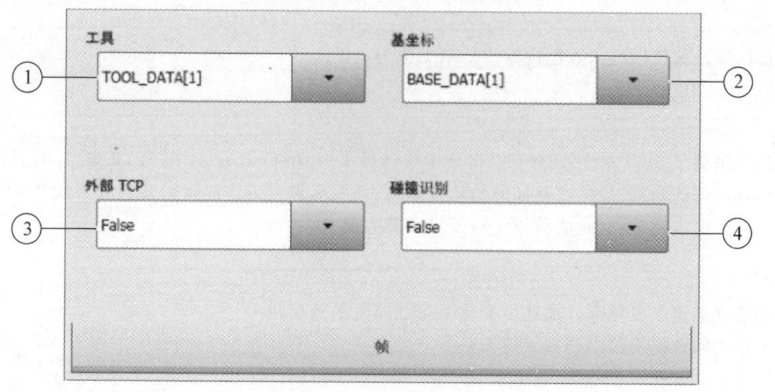

图 3-39 坐标系选项窗口

表 3-5 坐标系选项窗口中的参数含义

序号	含义
①	选择工具 如果外部 TCP 栏中显示 True:选择工件 值域:[1]~[16]
②	选择基坐标 如果外部 TCP 栏中显示 True:选择固定工具 值域:[1]~[32]
③	外部 TCP True:该工具为一个固定工具 False:该工具已安装在连接法兰处
④	碰撞识别 True:机器人控制系统为此运动计算轴的扭矩,此值用于碰撞识别 False:机器人控制系统为此运动不计算轴的扭矩,因此对此运动无法进行碰撞识别

6）在运动参数选项窗口中，将加速度从最大值降下来，如图 3-40 所示。如果已经激活轨迹逼近，那么可以更改轨迹逼近距离。根据配置的不同，该距离可以设置为 mm 或%。

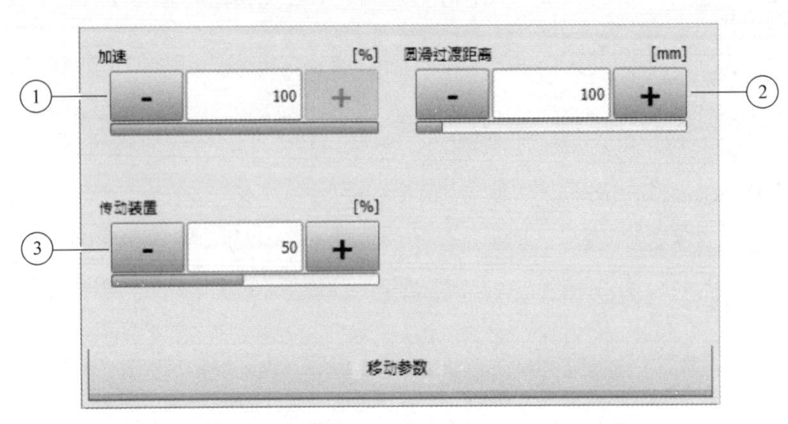

图 3-40 运动参数选项窗口（创建 SPTP 运动）

选项窗口中运动参数（SPTP）的含义见表 3-6。

表 3-6 运动参数的含义

序号	含义
①	轴加速度。数值以机床数据中给出的最大值为基准 值域:1%~100%
②	该栏无法用于 SPTP 段。只有在联机表单中选择了“CONT”之后,才在 SPTP 单个运动时显示此栏 目标点之前的距离,最早在此处开始轨迹逼近,此距离最大可为起始点至目标点距离的一半。如果在此处输入了一个更大数值,则此值将被忽略而采用最大值
③	传动装置加速度变化率。加速度变化率指加速度的变化量 数值以机床数据中给出的最大值为基准 值域:1%~100%

7）保存点坐标。TCP的当前位置被作为目标示教，如图3-41所示。按“指令OK”键或“Touchup”键则保存点坐标。

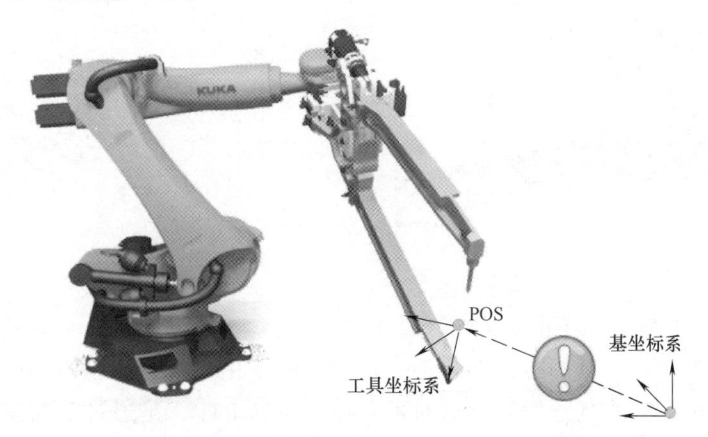

图3-41　TCP的当前位置被作为目标示教

3. 沿轨迹指令（SLIN、SCIRC）

（1）沿轨迹的运动　沿轨迹的运动有SLIN和SCIRC两种运动方式。

1）SLIN运动方式如图3-42所示。

① 直线型轨迹运动。

② 具的TCP按设定的姿态从起点匀速移动到目标点。

③ 速度和姿态均以TCP为参考点。

轨迹应用有焊接、贴装、激光焊接/切割。

2）SCIRC运动方式如图3-43所示。

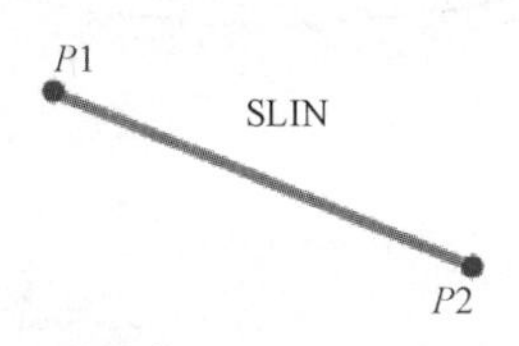

图3-42　SLIN运动方式

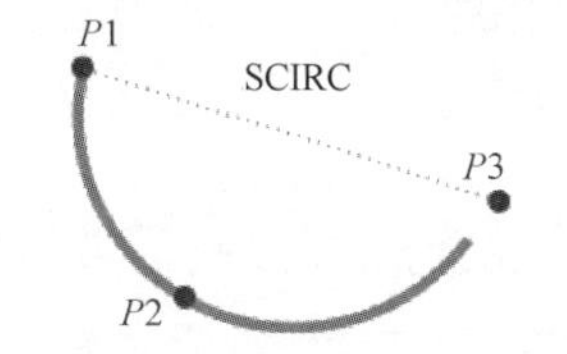

图3-43　SCIRC运动方式

① 圆形轨迹运动通过起点、辅助点和目标点定义。

② 工具的TCP按设定的姿态从起点匀速移动到目标点。

③ 速度和姿态均以工具的TCP为基准。

轨迹应用：圆周、半径、圆形。

（2）沿轨迹运动时的姿态导引　沿轨迹运动时可以准确定义姿态导引。工具在运动的起点和目标点处的方向可能不同。

1）在运动方式SLIN下的姿态导引。

标准或手动PTP：工具的方向在运动过程中不断变化。

在机器人以标准方式到达手轴起点时可以使用手动PTP，是通过手轴角度的线性轨迹逼近（按轴坐标的移动）进行姿态变化的，如图3-44所示。

恒定：工具的姿态在运动期间保持不变，与在起点所示教的一样，如图3-45所示。在终点示教的姿态被忽略。

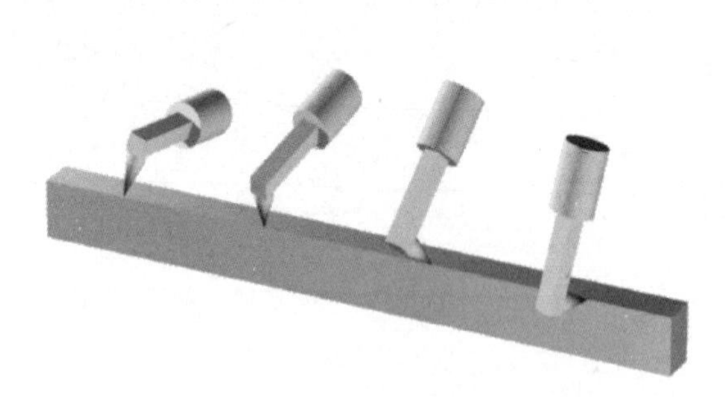

图 3-44　标准或手动 PTP 工具的方向

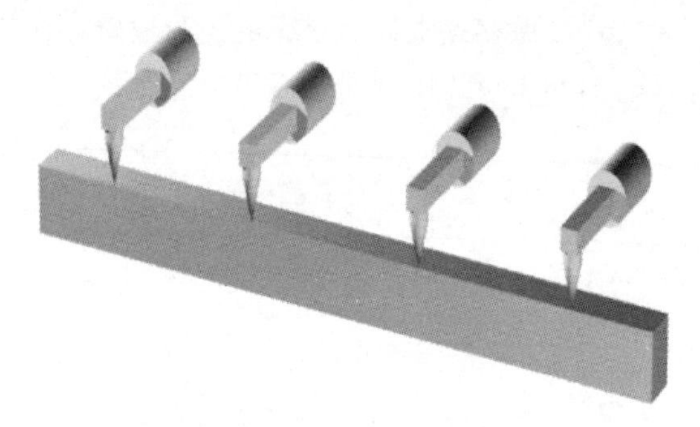
图 3-45　工具的姿态在运动期间保持不变

2）在运动方式 SCIRC 下的姿态导引。

标准或手动 PTP：工具的方向在运动过程中不断变化（配合以基准为参照）。

在机器人以标准方式到达手轴起点时可以使用手动 PTP，是通过手轴角度的线性轨迹逼近（按轴坐标的移动）进行姿态变化的，如图 3-46 所示。

恒定：工具的姿态在运动期间保持不变（配合以基准为参照），与在起点所示教的一样，如图 3-47 所示。在终点示教的姿态被忽略。

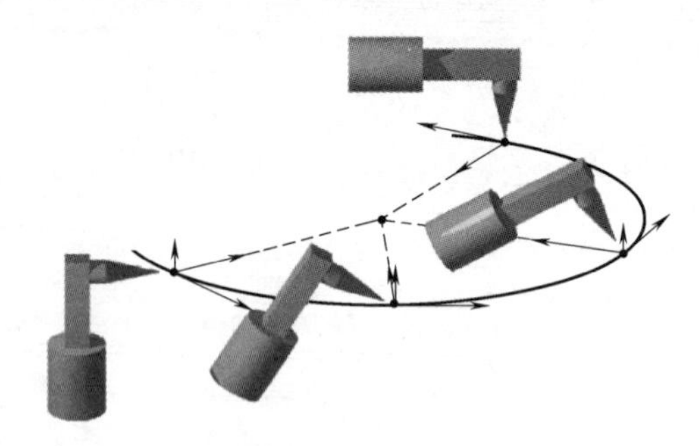
图 3-46　标准或手动 PTP 中的工具姿态

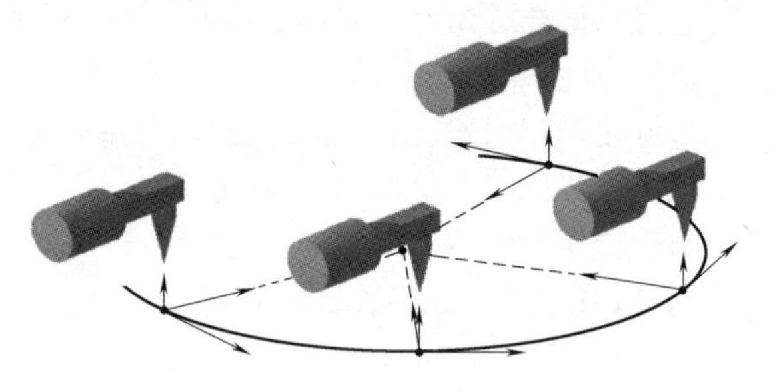
图 3-47　工具姿态以基准为参照

恒定：工具的姿态以轨迹为参照，如图 3-48 所示。

SCIRC 时的运动过程：工具或工件的参考点沿着圆弧运动到目标点；轨迹由起点、辅助点和目标点进行描述，如图 3-49 所示。此时，前一个运动指令的目标点也适合作为后一个运动指令的起点。辅助点中的工具姿态可忽略或应用。

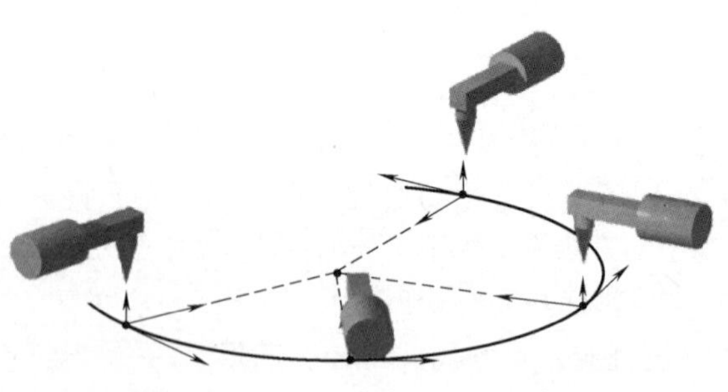
图 3-48　工具的姿态以轨迹为参照

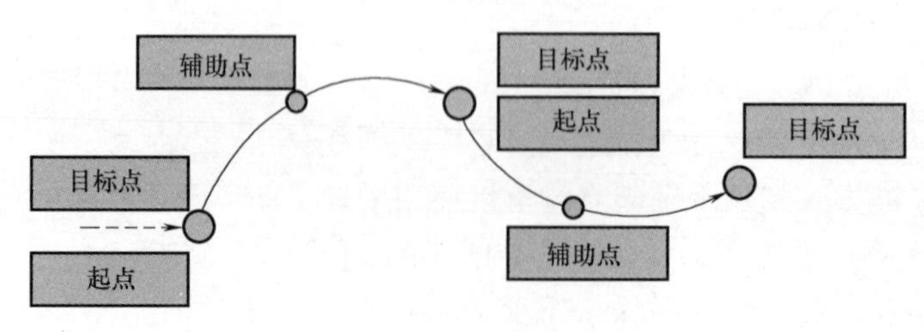

图 3-49　SCIRC 时的两段圆弧

(3) 轨迹运动的轨迹逼近　在运行方式 SLIN 和 SCIRC 下进行轨迹逼近，特征见表 3-7。轨迹逼近功能不适用于生成圆周运动，仅用于防止在某点出现精确暂停。

表 3-7　轨迹逼近的特征

运动方式	特　征
P1 SLIN P3 P2 CONT	轨迹曲线如左图虚线所示
P1 SCIRC P3 CONT P2	轨迹曲线如左图虚线所示 目标点被轨迹逼近

(4) 创建 SLIN 运动的操作步骤　创建 SLIN 运动的前提条件是已设置运行方式 T1，机器人程序已选定。其操作步骤如下：

1）将 TCP 移向应被设为目标点的位置，如图 3-50 所示。

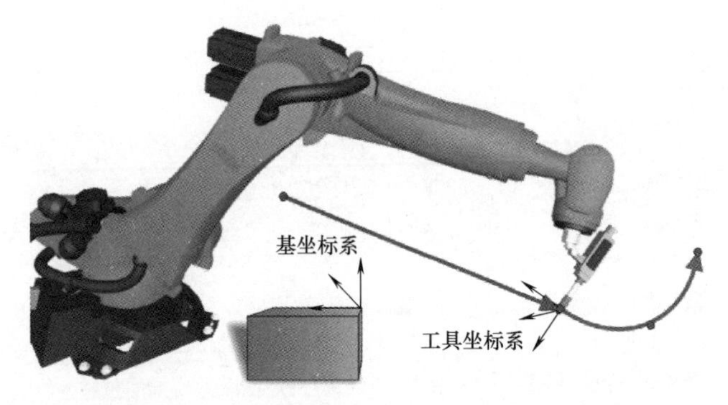

图 3-50　将 TCP 移向应被设为目标点的位置（创建 SLIN 运动）

2）将光标置于其后应添加运动指令的那一行中。

3）选择菜单序列：指令>运动>SLIN。

出现 SLIN 联机表单，其选项窗口如图 3-51 所示。SLIN 联机表单选项窗口参数含义见表 3-8。

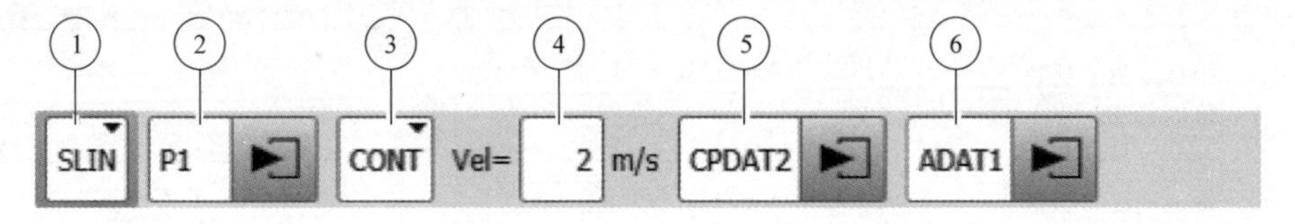

图 3-51　SLIN 联机表单选项窗口

4）在联机表单中输入参数。

5）在选项窗口输入框中输入工具和基坐标系的正确数据，以及关于插补模式的数据（外部 TCP：开/关）和碰撞监控的数据。

表 3-8　SLIN 联机表单选项窗口参数含义

序号	含　义
①	运动方式 SLIN
②	目标点的名称。系统自动赋予一个名称,名称可以被改写。需要编辑点数据时可触摸箭头,相关选项窗口即自动打开
③	CONT:目标点被轨迹逼近 [空白]:将精确地移至目标点
④	速度 SLIN 时速度为 0.001~2m/s
⑤	运动数据组名称。系统自动赋予一个名称,名称可以被改写。需要编辑点数据时可触摸箭头,相关选项窗口即自动打开
⑥	通过切换参数可显示和隐藏该栏目 含逻辑参数的数据组名称。系统自动赋予一个名称,名称可以被改写。需要编辑数据时可触摸箭头,相关选项窗口即自动打开

6）在运动参数选项窗口中，将加速度和传动装置加速度变化率从最大值降下来。如果已经激活轨迹逼近，那么可以更改轨迹逼近距离，也可修改姿态导引。运动参数选项窗口如图 3-52 所示，运动参数含义见表 3-9。

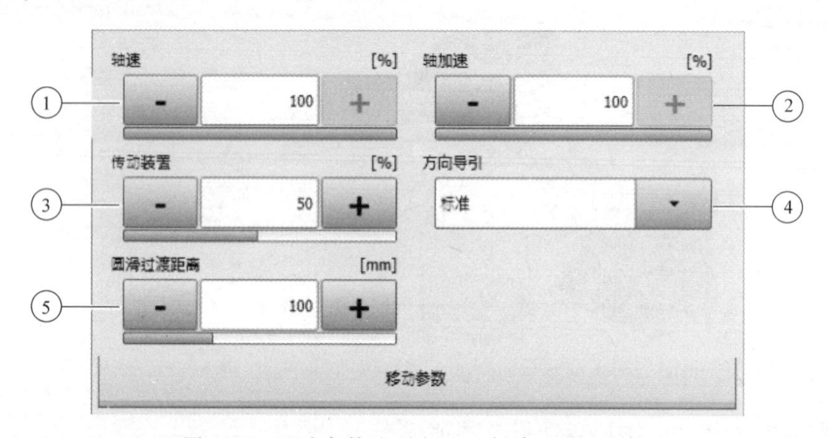

图 3-52　运动参数选项窗口（创建 SLIN 运动）

表 3-9　运动参数含义

序号	含　义
①	轴速。数值以机床数据中给出的最大值为基准 值域:1%~100%
②	轴加速度。数值以机床数据中给出的最大值为基准 值域:1%~100%
③	传动装置加速度变化率。加速度变化率是指加速度的变化量 数值以机床数据中给出的最大值为基准 值域:1%~100%

（续）

序号	含　义
④	选择姿态导引： • 标准 • 手动 PTP • 恒定的方向导引
⑤	只有在联机表单中选择了“CONT”之后，此栏才显示 目标点之前的距离，最早在此处开始轨迹逼近 此距离最大可为起点至目标点距离的一半。如果在此处输入了一个更大数值，则此值将被忽略而采用最大值

7）保存点坐标。TCP 的当前位置被作为目标示教，如图 3-53 所示。按“指令 OK”键和“Touchup”键则保存点坐标。

（5）创建 SCIRC 运动的操作步骤　创建 SCIRC 运动的前提条件是已设置运行方式 T1，机器人程序已选定。其操作步骤如下：

1）将光标置于其后应添加运动指令的那一行中。

2）选择菜单序列：指令>运动>SCIRC。

作为选项，也可在相应行中按下键运动。

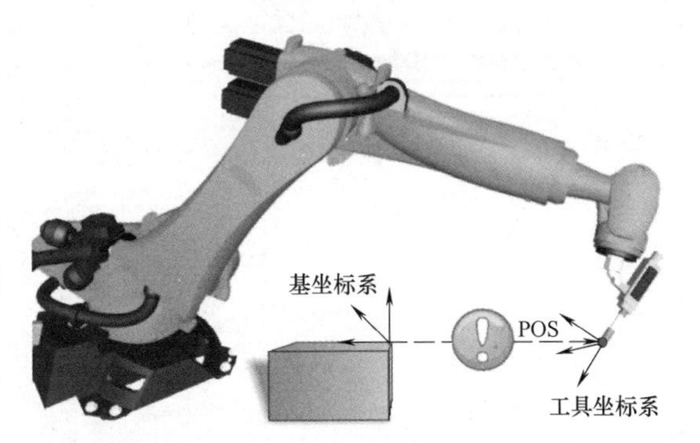

图 3-53　TCP 的当前位置被作为目标示教

SCIRC 联机表单选项窗口如图 3-54 所示，参数含义见表 3-10。

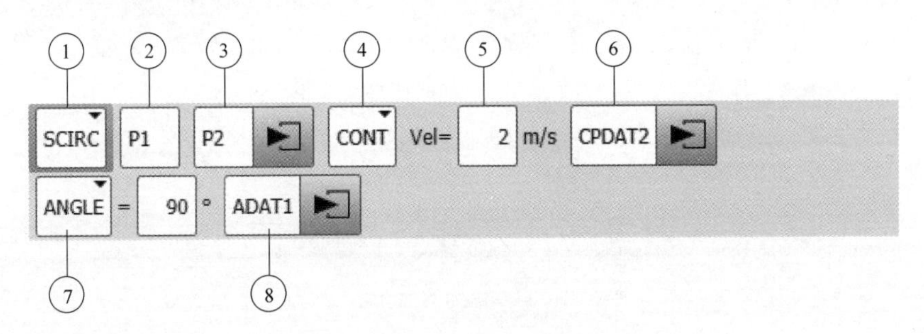

图 3-54　SCIRC 联机表单选项窗口

表 3-10　SCIRC 联机表单参数含义

序号	含　义
①	运动方式 SCIRC
②	辅助点名称。系统自动赋予一个名称，名称可以被改写
③	目标点名称。系统自动赋予一个名称，名称可以被改写 需要编辑点数据时可触摸箭头，相关选项窗口即自动打开
④	CONT：目标点被轨迹逼近 [空白]：将精确地移至目标点

（续）

序号	含　义
⑤	速度 值域：0.001～2m/s
⑥	运动数据组名称。系统自动赋予一个名称，名称可以被改写。需要编辑点数据时可触摸箭头，相关选项窗口即自动打开
⑦	圆心角 值域：-9999°～+9999° 如果输入的圆心角小于-400°或大于+400°，则在保存联机表单时会自动问询是否要确认或取消输入
⑧	通过切换参数可显示和隐藏该栏目 含逻辑参数的数据组名称。系统自动赋予一个名称，名称可以被改写。需要编辑数据时可触摸箭头，相关选项窗口即自动打开

3）在联机表单中输入参数。

4）在选项窗口输入框中输入工具和基坐标系的正确数据，以及关于插补模式的数据（外部 TCP：开/关）和碰撞监控的数据。

5）在运动参数选项窗口中，将加速度和传动装置加速度变化率从最大值降下来，如图 3-55 所示。如果已经激活轨迹逼近，那么可以更改轨迹逼近距离，也可修改姿态导引。

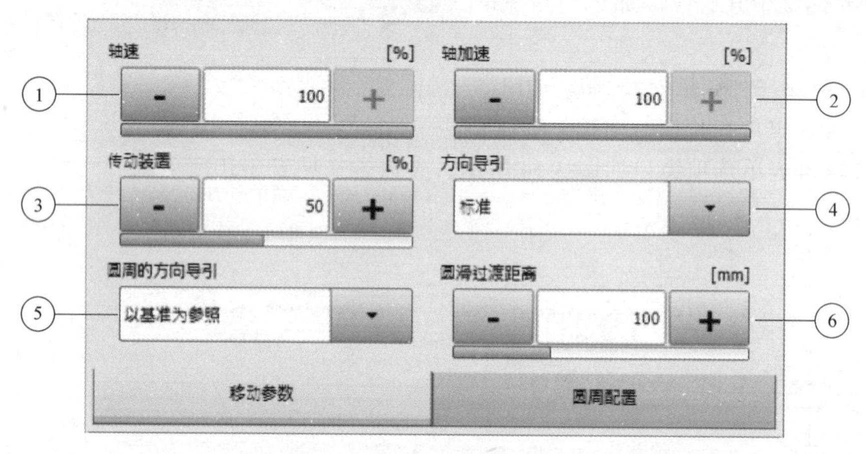

图 3-55　“移动参数”窗口

移动参数选项的含义见表 3-11。

表 3-11　移动参数选项的含义

序号	说　明
①	轴速。数值以机床数据中给出的最大值为基准 值域：1%～100%
②	轴加速度。数值以机床数据中给出的最大值为基准 值域：1%～100%
③	传动装置加速度变化率。加速度变化率是指加速度的变化量 数值以机床数据中给出的最大值为基准 值域：1%～100%

（续）

序号	说　明
④	选择姿态导引： • 标准 • 手动 PTP • 恒定的方向导引：
⑤	选择姿态导引的参照系： • 以基准为参照 • 以轨迹为参照
⑥	只有在联机表单中选择了“CONT”之后，此栏才显示 目标点之前的距离，最早在此处开始轨迹逼近 此距离最大可为起点至目标点距离的一半。如果在此处输入了一个更大数值，则此值将被忽略而采用最大值

6）设置辅助点的特性（此特性仅专家用户组以上级别可用）。在 SCIRC 运动中，机器人控制系统可考虑辅助点的编程姿态。用户可通过选项卡“圆周配置”确定是否真的要考虑以及如何考虑辅助点的编程姿态，如图 3-56 所示，“圆周配置”选项卡中参数的含义见表 3-12。

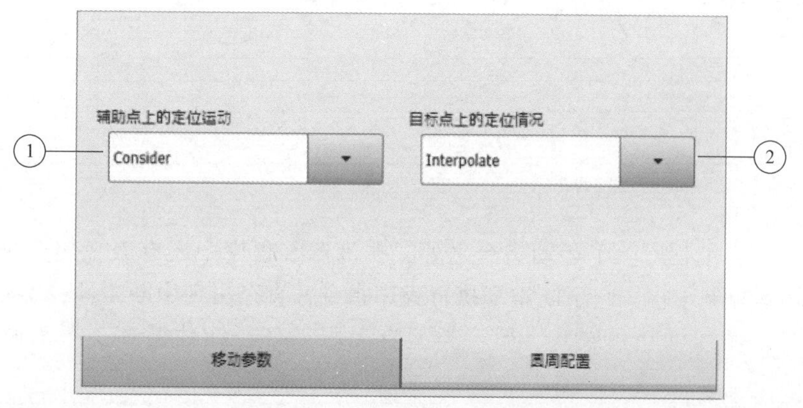

图 3-56　“圆周配置”选项卡

表 3-12　“圆周配置”选项卡中参数的含义

序号	含　义
①	选择辅助点上的姿态特性： • Interpolate：TCP 在辅助点上接收已编程的姿态 • Ignore：机器人控制系统忽略辅助点的编程姿态。TCP 的起始姿态以最短的距离过渡到目标姿态 • Consider（默认）：机器人控制系统选择接近辅助点编程姿态的路径
②	只有在联机表单中选择了“ANGLE”之后，此栏才显示 选择目标点上的姿态特性： • Interpolate：在实际的目标点上接受目标点的编程姿态（无圆心角数据的 SCIRC 唯一方法。如果设置了 Extrapolate，仍然会执行 Interpolate） • Extrapolate（带圆心角数据的 SCIRC 的默认值）：姿态根据圆心角调整 如果圆心角延长运动，则编程目标点上接受已编程的姿态。继续调整相应姿态直至实际目标点 如果圆心角缩短运动，则不会达到已编程的姿态

此外，可以通过相同方式为带圆心角的 SCIRC 指令确定目标点是否应有已编程的姿态，或是否应根据此圆心角继续调整姿态。

7）将 TCP 驶向应示教为辅助点的位置。通过 Touchup HP（修整辅助点）储存点数据。

8）将 TCP 移向应被设为目标点的位置。通过 Touchup ZP（修整目标点）储存点数据。

9）保存点坐标。

3.3.2 控制指令

1. 指令的种类

（1）循环语句

LOOP

FOR

WHILE

REPEAT

（2）条件语句

IF

（3）分支语句

SWITCH-CASE

（4）跳转语句

GOTO

（5）等待语句

WAIT

2. 指令的使用

（1）循环语句编程　除了运动指令之外，在机器人程序中还有大量用于控制程序流程的指令。循环是控制结构，它不断重复执行程序指令，直至出现中断条件，不允许从外部跳入循环结构中，循环可互相嵌套。循环类型有无限循环、计数循环、当型循环和直到型循环。

1）无限循环编程。无限循环是每次运行完之后都会重新运行的循环，运行过程可通过外部控制而终止。

LOOP 句法：

```
LOOP
…;指令
…
…;指令
ENDLOOP
```

LOOP 循环流程图如图 3-57 所示。

无限循环可直接用 EXIT 退出。用 EXIT 退出无限循环时，必须注意避免碰撞。如果两个无限循环互相嵌套，则需要两个 EXIT 指令以退出两个循环。

无中断的无限循环语句：

```
DEF MY_PROG( )
INI
PTP HOME Vel=100% DEFAULT
LOOP
SPTP XP1
SPTP XP2
SPTP XP3
SPTP XP4
ENDLOOP
SPTP P5 Vel=30% PDAT5 Tool[1] Base[1]
SPTP HOME Vel=100% DEFAULT
END
```

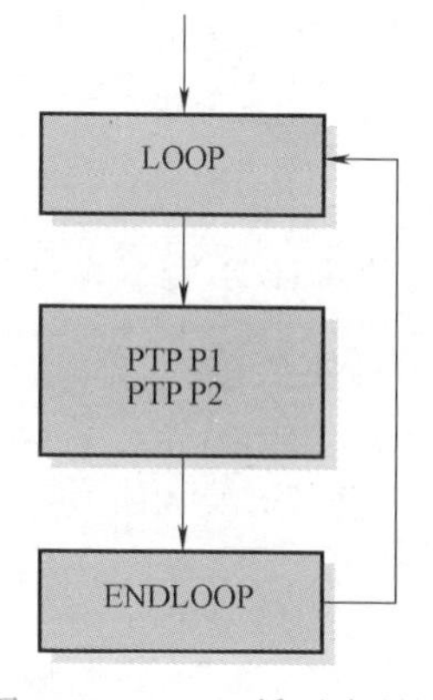

图 3-57 LOOP 循环流程图

带中断的无限循环语句：

```
DEF MY_PROG( )
INI
SPTP HOME Vel=100% DEFAULT
LOOP
SPTP XP1
SPTP XP2
IF $IN[3]==TRUE THEN ；中断的条件
EXIT
ENDIF
SPTP XP3
SPTP XP4
ENDLOOP
SPTP P5 Vel=30% PDAT5 Tool[1] Base[1]
SPTP HOME Vel=100% DEFAULT
END
```

2）计数循环编程。计数循环流程图如图 3-58 所示。

FOR 循环是一种可以通过规定重复次数执行一个或多个指令的控制结构。

要进行计数循环，则必须事先声明 Integer 数据类型的循环计数器。

该计数循环从值等于 start 时开始并最迟于值等于 last 时结束。

步幅（increment）为+1 时的句法：

```
FOR counter=start TO last
…；指令
ENDFOR
```

步幅也可通过关键词 STEP 指定为某个整数，语句：

```
FOR counter=start TO last STEP increment
…; 指令
ENDFOR
```

使用计数循环进行递增计数，语句：

```
DECL INT counter
FOR counter=1 TO 3 STEP 1
…; 指令
ENDFOR
```

循环计数器的起始值用于进行初始化：counter = 1。循环计数器在 ENDFOR 时，会以步幅 STEP 递增计数。

循环又从 FOR 行开始，检查进入循环的条件：循环计数器必须小于或等于指定的终值，否则会结束循环。根据检查结果的不同，循环计数器会再次递增计数或结束循环。结束循环后，程序在 ENDFOR 行后继续运行。

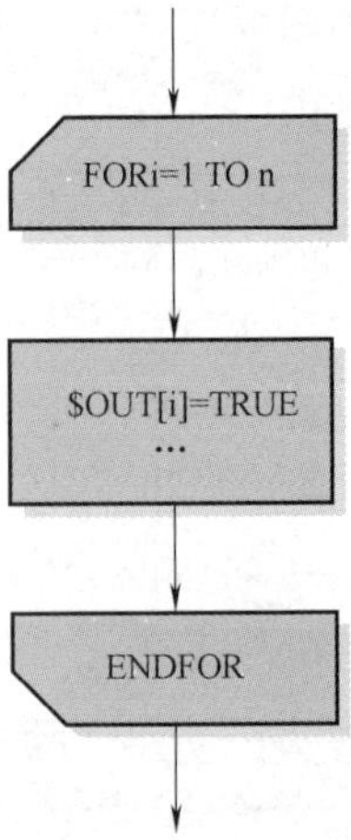

图 3-58　计数循环流程图

没有指定步幅的单层计数循环语句：

```
DECL INT counter
FOR counter=1 TO 50
$OUT[counter]=FALSE
ENDFOR
```

指定步幅的单层计数循环语句：

```
DECL INT counter
FOR counter=1 TO 4 STEP 2
$OUT[counter]=TRUE
ENDFOR
```

使用计数循环进行递减计数的语句：

```
DECL INT counter
FOR counter=15 TO 1 STEP-1
…; 指令
ENDFOR
```

指定负向步幅的计数循环语句：

```
DECL INT counter
FOR counter=10 TO 1 STEP-1
;指令
ENDFOR
```

指定步幅的嵌套计数循环语句：

```
DECL INT counter1, counter2
FOR counter1 = 1 TO 21 STEP 2
FOR counter2 = 20 TO 2 STEP-2
…
ENDFOR
ENDFOR
```

3）当型循环编程。当型循环流程图如图 3-59 所示。

WHILE 循环也被称为前测试型循环。WHILE 循环是一种当型或者先判断型循环，这种循环会在执行循环的指令部分前先判断终止条件是否成立。只要某一执行条件（condition）得到满足，这种循环就会一直将过程重复下去。执行条件不满足时会导致立即结束循环，并执行 ENDWHILE 后的指令，语句：

```
WHILE condition
…; 指令
ENDWHILE
```

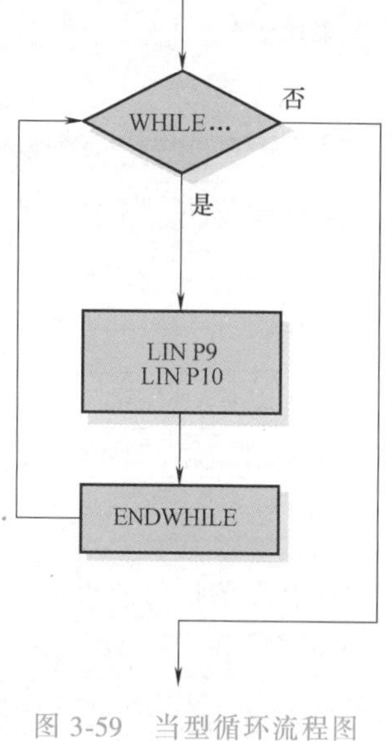

图 3-59　当型循环流程图

当型循环可通过 EXIT 指令立即退出。

具有简单执行条件的当型循环语句：

```
…
WHILE $INI[41]==TRUE ; 部件备好在库中
PICK_PART( )
ENDWHILE
…
```

具有简单否定型执行条件的当型循环语句：

```
…
WHILE $IN[42]==FALSE ; 输入端 42:库为空
PICK_PART( )
ENDWHILE
…
```

具有复合执行条件的当型循环语句：

```
…
WHILE (($IN[40]==TRUE) AND ($IN[41]==FALSE) OR (counter>20))
PALLET( )
ENDWHILE
…
```

4）直到型循环编程。直到型循环流程图如图 3-60 所示。

直到型循环也称为后测试循环。REPEAT 循环是一种直到型或者检验循环，这种循环会在第一次执行完循环的指令部分后检测终止条件。

在指令部分执行完毕之后，检查是否已满足退出循环的条件。条件满足时，退出循环，执行 UNTIL 后的指令；条件不满足时，在 REPEAT 处重新开始循环。

直到型循环可通过 EXIT 指令立即退出。

直到型循环语句：

```
REPEAT
…；指令
UNTIL condition
```

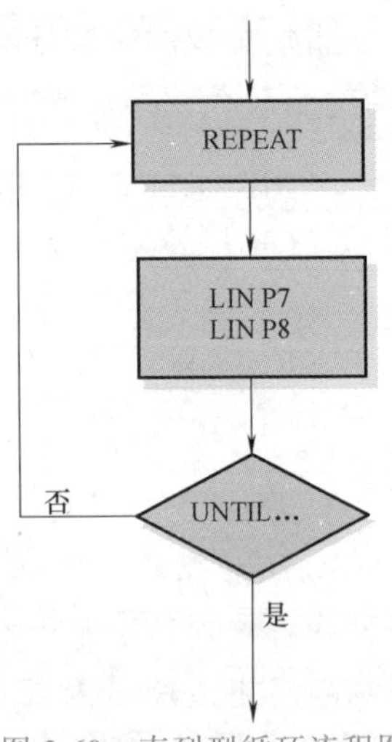

图 3-60　直到型循环流程图

具有简单执行条件的直到型循环语句：

```
…
REPEAT
PICK_PART( )
UNTIL  $IN[42]==TRUE ；输入端 42：库为空
…
```

具有复杂执行条件的直到型循环语句：

```
…
REPEAT
PALLET( )
UNTIL (( $IN[40]==TRUE) AND ( $IN[41]==FALSE) OR (counter>20))
…
```

(2) 条件语句编程　IF 条件语句流程图如图 3-61 所示。

使用 IF 分支后，便可以只在特定的条件下执行程序段。IF 条件用于将程序分为多个路径。条件型 IF 语句由一个条件和两个指令部分组成。IF 指令检查此条件为真（TRUE）或为假（FALSE）。如果满足条件，则处理第一个指令；如果未满足条件，则执行第二个替代指令。

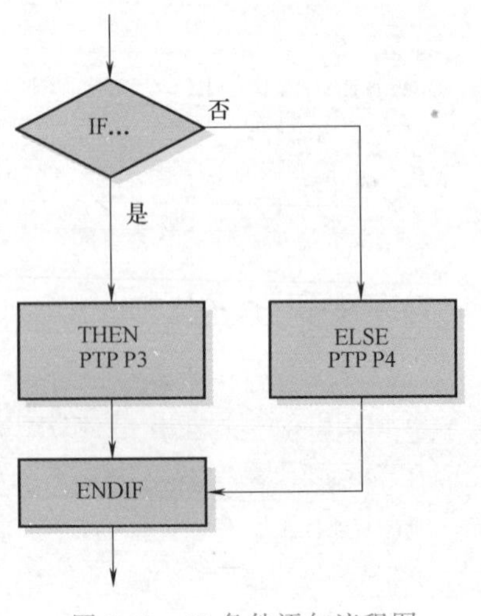

图 3-61　IF 条件语句流程图

IF 语句的类型：

1）第二个指令部分可以省去，即变成无 ELSE 的 IF 语句。由此，当不满足条件时，便继续执行后面的程序。

2）多个 IF 语句可相互嵌套（多重条件）：语句被依次处理并且检查是否有一个条件得到满足。

带选择条件的 IF 语句：

```
IF condition THEN
…;指令
ELSE
…;指令
ENDIF
```

无选择条件的 IF 语句（询问）：

```
IF condition THEN
…;指令
ENDIF
```

有可选条件的 IF 语句：

```
DEF MY_PROG( )
DECL INT error_nr
…
INI
error_nr=4
…; 仅在 error_nr=5 时运行至 P21,否则 P22
IF error_nr==5 THEN
SPTP XP21
ELSE
SPTP XP22
ENDIF
…
END
```

没有可选条件的 IF 语句：

```
DEF MY_PROG( )
DECL INT error_nr
…
INI
error_nr=4
…; 仅在 error_nr=5 时运行至 P21
IF error_nr == 5 THEN
SPTP XP21
ENDIF
…
END
```

有复杂执行条件的 IF 语句：

```
DEF MY_PROG( )
DECL INT error_nr
…
INI
error_nr=4
…;仅在 error_nr=1 或 10 或大于 99 时运行至 P21
IF((error_nr==1)OR(error_nr==10)OR(error_nr>99))THEN
SPTP XP21
ENDIF
…
END
```

有布尔表达式的 IF 语句：

```
DEF MY_PROG( )
DECL BOOL no_error
…
INI
no_error=TRUE
…;仅在无故障(no_error)时运行至 P21
IF no_error==TRUE THEN
SPTP XP21
ENDIF
…
END
```

（3）分支语句编程　若需区分多种情况并为每种情况执行不同的操作，可用 SWITCH-CASE 指令达到目的，流程图如图 3-62 所示。

SWITCH-CASE 分支是一个分支或多重分支，并且用于不同情况。SWITCH 指令中传递的变量用作开关，在指令块中跳到预定义的 CASE 指令中。如果 SWITCH 指令未找到预定义的 CASE，而 DEFAULT（默认）段事先已定义，则运行此段。

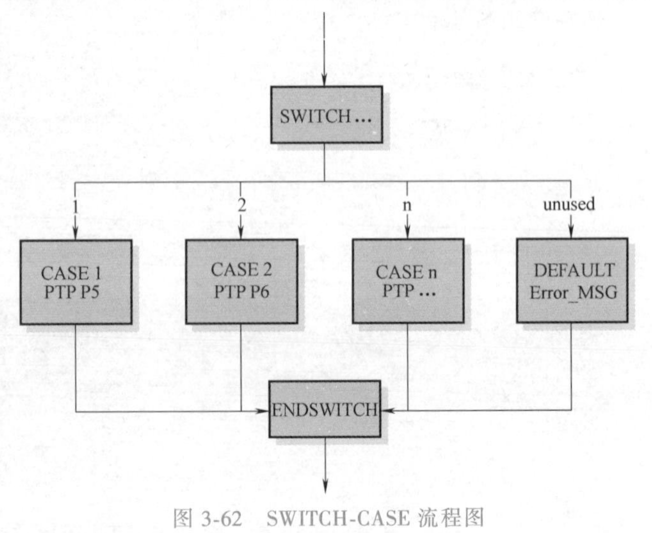

图 3-62　SWITCH-CASE 流程图

SWITCH-CASE 分支语句：

```
SWITCH 选择标准
CASE 1
…;指令
CASE 2
…;指令
CASE 3
…;指令
…
DEFAULT
…;指令
ENDSWITCH
```

SWITCH-CASE 可与以下数据类型结合使用。

INT（整数），语句：

```
DEF MY_PROG( )
DECL INT my_number
…
INI
my_number=2
…
SWITCH my_number
CASE 1
SPTP XP21
CASE 2
SPTP XP22
CASE 3
SPTP XP23
ENDSWITCH
…
```

CHAR 单个字符，语句：

```
DEF MY_PROG( )
DECL CHAR my_sign
…
INI
my_sign="a"
…
SWITCH my_sign
```

```
CASE "a"
SPTP XP21
CASE "b"
SPTP XP22
CASE "c"
SPTP XP23
ENDSWITCH
...
```

（4）跳转语句编程　跳转语句的应用适用的情况：确保跳至程序中指定的位置；程序在该位置上继续运行，跳转目标必须位于与 GOTO 指令相同的程序段或者功能中。

不能进行跳转的情况：从外部跳至 IF 指令；从外部跳至循环语句；从一个 CASE 指令跳至另一个 CASE 指令。

GOTO 跳转语句：

```
...
GOTO Marke
...
Marke:
...
```

将无条件的跳转通过扩展 IF 指令转换为有条件的跳转，跳至程序位置 GLUE_ END，语句：

```
IF X>100 THEN
GOTO GLUE_END
ELSE
X=X+1
ENDIF
A=A*X
...
GLUE_END:
END
```

（5）等待语句编程　等待编程包含时间等待函数和信号等待函数。

1）时间等待函数。在程序可以继续运行前，时间等待函数等待指定的时间（time），语句：

```
WAIT SEC time
```

时间等待函数中，时间等待函数的单位为秒（s），最长时间为 2147484s，约等于 24 天（时间等待函数的联机表单最多可等待 30s）。时间值也可用一个合适的变量来确定，最短的有意义的时间单元是 0.012s（插补节拍）。如果给出的时间为负值，则不等待，时间等待函数触发预进停止，因此无法轨迹逼近。为了直接生成预进停止，可使用指令 WAIT SEC 0。

时间等待函数具有固定时间的时间等待功能，在点 *P*2 处中断运动 5.25s，如图 3-63 所示。

*P*2 点中断语句：

```
SPTP P1 Vel=100% PDAT1
SPTP P2 Vel=100% PDAT2
WAIT SEC 5.25
SPTP P3 Vel=100% PDAT3
```

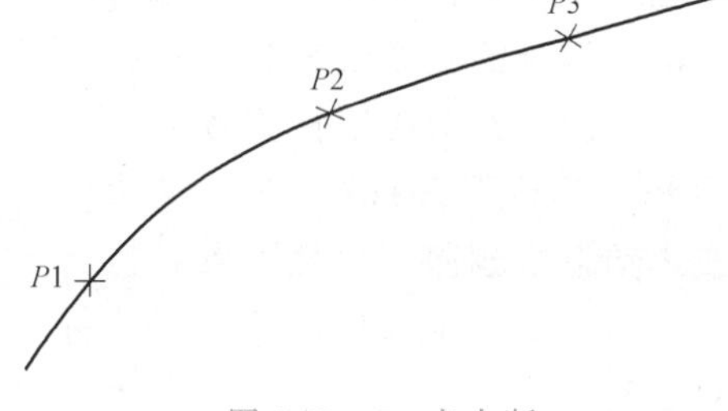

图 3-63 *P*2 点中断

具有计算出时间的时间等待功能，语句：

```
WAIT SEC 3 * 0.25
```

具有变量的时间等待功能，语句：

```
DECL REAL time
time = 12.75
WAIT SEC time
```

2）信号等待函数。信号等待函数在满足条件时才切换到后面程序，使程序得以继续执行，语句：

```
WAIT FOR condition
```

信号等待函数中，信号等待函数触发预进停止，因此无法轨迹逼近，尽管已满足了条件，但仍生成了预进停止。若在程序行中，指令 CONTINUE 被直接编程于等待指令之前，则当条件及时得到满足时，就可以阻止预进停止。

信号等待函数的程序中，带预进停止的 WAIT FOR 语句：

```
SPTP P1 Vel=100% PDAT1
SPTP P2 CONT Vel=100% PDAT2
WAIT FOR $ IN [20] ==TRUE
SPTP P3 Vel=100% PDAT3
```

运动在点 *P*2 中断。精确暂停后对输入端 20 进行检查。如果输入端状态为 TRUE，则可直接继续运行，否则会等待 TRUE 状态。

带预进处理的 WAIT FOR（使用 CONTINUE）语句：

```
SPTP P1 Vel=100% PDAT1
SPTP P2 CONT Vel=100% PDAT2
CONTINUE
WAIT FOR ( $ IN[10] OR $ IN[20])
SPTP P3 Vel=100% PDAT3
```

3.3.3 程序文件

1. 执行初始化运行

KUKA 机器人的初始化运行称为 BCO（程序段重合）运行。重合意为“一致”及“时间/空间事件的会合”。要进行 BCO 运行的情况有：选择程序、程序复位、点动执行程序、修改程序和选择语句行。

BCO 运行的轨迹如图 3-64 所示。

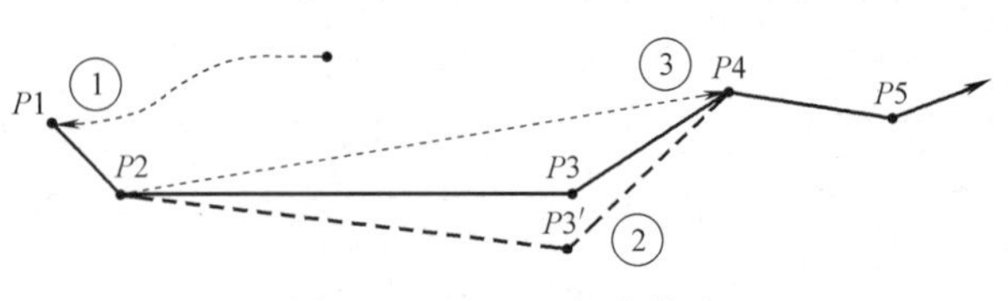

图 3-64 BCO 运行的轨迹

其中，①表示在选择或者复位程序后 BCO 运行至 HOME 位置。②表示更改运动指令删除、示教了点后执行 BCO 运行。③表示选择语句行后执行 BCO 执行。

为了使当前的机器人位置与机器人程序中的当前点位置保持一致，必须执行 BCO 运行。仅当机器人位置与编程设定的位置相同时，才可进行轨迹规划。因此，首先必须将 TCP 置于轨迹上。在选择或者复位程序后，BCO 运行至 HOME 位置，如图 3-65 所示。

2. 选定及启动机器人程序

（1）选择和启动机器人程序　机器人程序可在导航器中的用户界面上进行选择。运动程序通常保存在文件夹中。cell 程序（由 PLC 控制机器人的管理程序）始终在文件夹“R1”中。启动程序用户界面如图 3-66 所示，①导航器：文件夹/硬盘结构。②导航器：文件夹/数据列表。③选中的程序。④ 用于选择程序的按键。启动程序的按键有启动正向运行程序按键▶和启动反向运行程序按键◀两种，如图 3-67 所示。

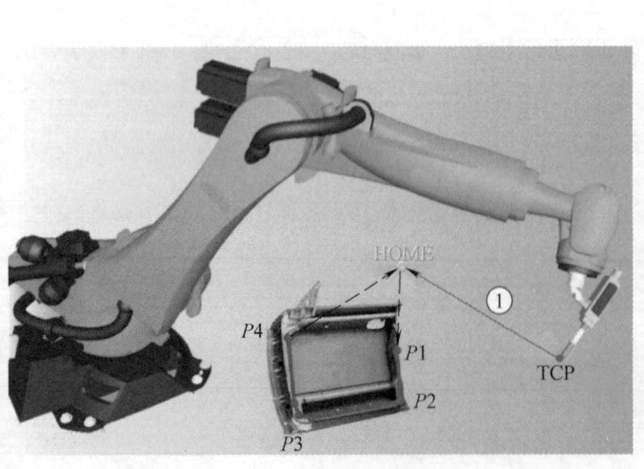

图 3-65 BCO 运行至 HOME 位置

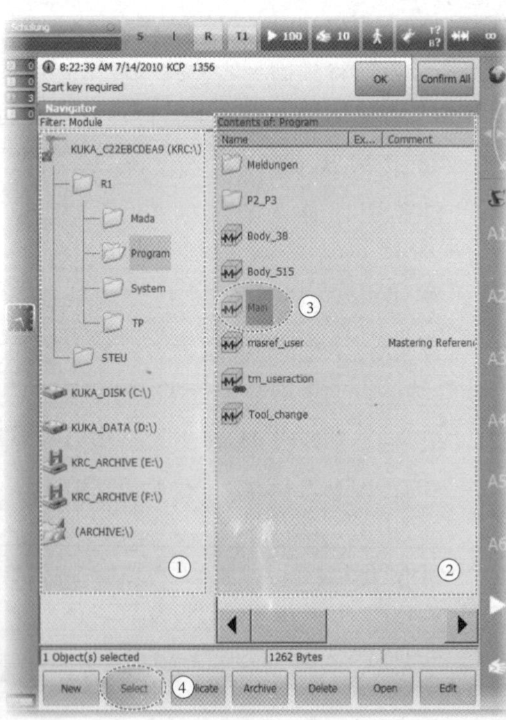

图 3-66 启动程序用户界面

对于程序控制的机器人运动有多种程序运行方式，见表 3-13。

表 3-13 程序运行方式

图标	含 义
	GO 程序连续运行,直至程序结尾 在测试运行中必须按住启动键
	运动 在运动步进运行方式下,每个运动指令都单个执行 每一个运动结束后,都必须重新按下启动键
	单步(仅供用户组“专家”使用) 在增量步进时,逐行执行(与行中的内容无关) 每步执行后,都必须重新按下启动键

(2) 程序格式 程序格式如图 3-68 所示,各部分含义见表 3-14。

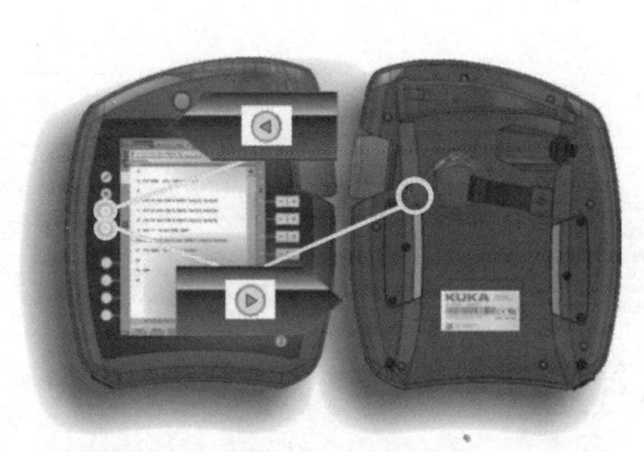

图 3-67 程序启动

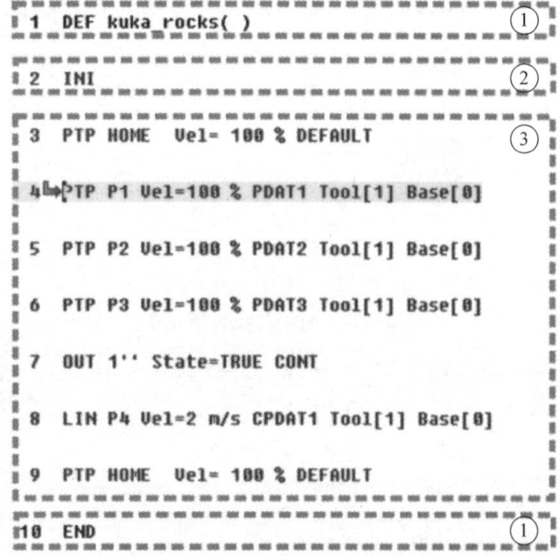

图 3-68 程序格式

表 3-14 程序各部分含义

序号	含 义
①	仅限于在专家用户组中可见 “DEF 程序名( )”始终出现在程序开头 “END”表示程序结束
②	“INI”行包含程序正确运行所需的标准参数的调用 “INI”行必须最先运行
③	自带的程序文本,包括运动指令、等待/逻辑指令等 运行指令“PTP HOME”常用于程序开头和末尾,因为这是唯一的已知位置

(3) 程序状态 程序状态的图标及含义见表 3-15。

表 3-15　程序状态的图标及含义

图标	颜色	含　义
R	灰色	未选定程序
R	黄色	语句指针位于所选程序的首行
R	绿色	已经选择程序，而且程序正在运行
R	红色	选定并启动的程序被暂停
R	黑色	语句指针位于所选程序的末端

（4）操作步骤

1）选择程序，如图 3-69 所示。

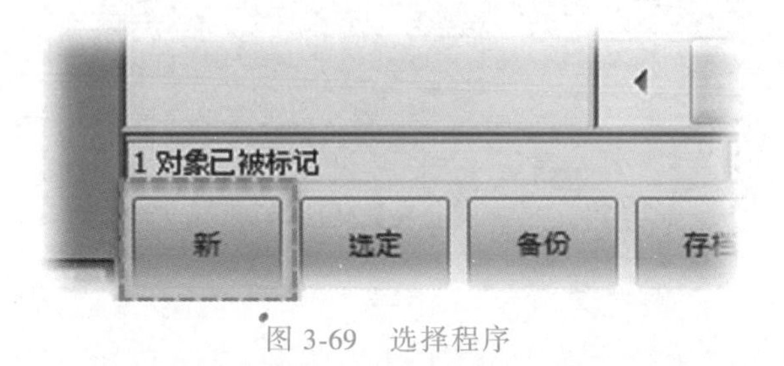

图 3-69　选择程序

2）设定程序速度（程序速度倍率，POV），如图 3-70 所示。

3）按使能键至中间档位。

4）按住启动键（+）。

①“INI”行得到处理。

② 机器人执行 BCO 运行。

5）到达目标位置后运动停止，将显示提示信息“已达 BCO”。

6）其他流程（根据设定的操作模式）。

① T1 和 T2：通过按启动键继续执行程序。

② AUT：激活驱动装置。

7）按“Start”键启动程序。

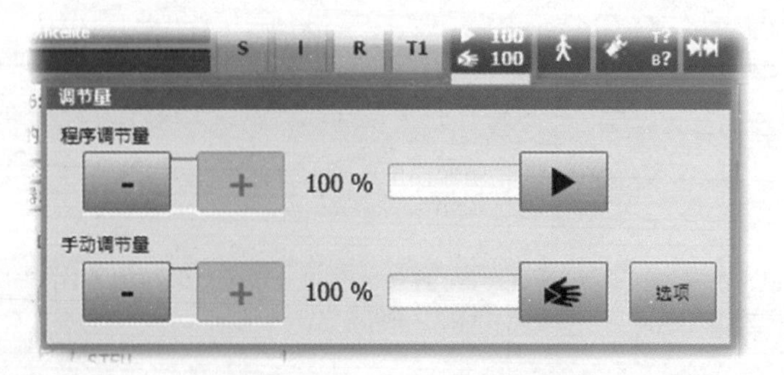

图 3-70　设定程序速度

在 cell 程序中将运行方式转调为 EXIT 并由 PLC 传送运行指令。

3. 从 PLC 启动机器人程序的准备工作

（1）机器人系统　如果机器人进程由外部控制（如由一个上位计算机或 PLC），则这一控制通过通信接口进行。机器人系统如图 3-71 所示。

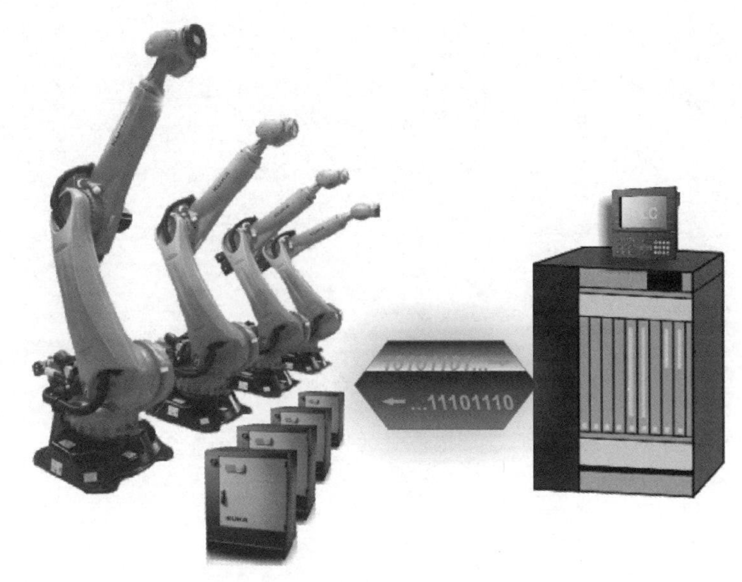

图 3-71　机器人系统

（2）系统结构原理　通过外部通信接口可用上位控制器（如用一个 PLC）来控制机器人进程。

为了让 PLC 和机器人之间进行通信，必须满足以下几点：

1）机器人和 PLC 之间必须有物理上存在且已配置的现场总线，如以太网。

2）必须通过现场总线传输机器人进程的信号。传输过程通过外部自动运行接口协议中可配置的数字输入端和输出端来实现。

发送至机器人的控制信号（输入端）：上级控制系统通过外部自动运行接口向机器人控制系统发出机器人进程的相关信号（如运行许可、故障确认、程序启动等）。

机器人状态（输出端）：机器人控制系统向上级控制系统发送有关运行状态和故障状态的信息。

从外部选择机器人程序的控制程序。

选择外部自动运行方式，在该运行方式下由一台主机或者 PLC 控制机器人系统。

（3）外部启动安全须知　选择了 cell 程序后必须以操作模式 T1 或 T2 执行 BCO 运行。

如果已执行了 BCO 运行，则在外部启动时不再执行 BCO 运行。

（4）外部启动的操作步骤　外部启动的前提条件是操作模式为 T1 或 T2；用于外部自动运行的输入端/输出端和 cell. src 程序已配置。

外部启动的操作步骤如下：

1）在导航器中选择 cell. src 程序。cell 程序始终在目录 KRC：\R1 下。

2）将程序倍率设定为 100%（这是建议的设定值，也可根据需要设定成其他数值）。

外部运行操作界面如图 3-72 所示，其中①POV 设置。②选定 cell. src。

3）执行 BCO 运行。按住使能键，按住启动键，直至信息窗显示“已达 BCO”。

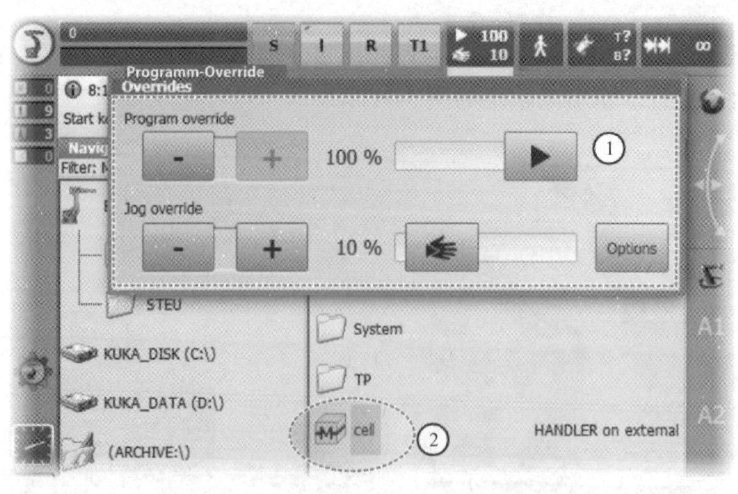

图 3-72 外部运行操作界面

4）选择“外部自动”操作模式。由上一级控制系统（PLC）启动程序。

3.4 通信

1. I/O 通信

一般来讲，工业机器人 I/O 通信可分为上位通信和下位通信。上位通信指机器人作为整个网络的 Slave 站点，PLC 等外围控制系统作为 Master；下位通信是指机器人作为网络的 Master，而附属设备及执行单元作为 Slave。无论上位控制还是下位控制，机器人与 PLC、机器人与附属设备之间的通信方式都采用握手通信方式。目前工业机器人所支持的网络通信协议有 PTP、Devicenet、Profibus、Interbus、Profinet 以及串口通信。在比较小的系统中，I/O 点数较少，且在成本预算较少的情况下，一般采用物理点到点的方法，但这种方法容易出现信号不稳定的情况。相对较大的控制系统，如装焊自动化生产线，建议采用网络通信模式。

2. 外围设备通信

机器人与外围设备之间的通信主要包括机器人与上位设备之间的通信和机器人与下位设备之间的通信，其中与上位设备的通信主要是指自动化生产线中与 PLC 设备的数据交换，而与下位设备之间的通信主要是指机器人与焊接控制器、抓手、点焊钳、涂胶设备等之间的数据交换。

3.5 扩展功能

为了满足各种用途和规模的用户需求，各生产厂家在进行工业机器人控制系统设计时，都考虑到了系统的扩展性，采用了模块化方案，并不断开发新的功能模块，充实各种功能。

1. 外部轴

在实际的生产过程中，由于工艺的复杂性以及机器人本身工作范围的局限性，机器人制造商开发出了能扩展机器人工作范围的变位机、移动轴，从而解决了很多工艺难点，提高了生产率。标准的机器人控制系统除了可以担负 1 台机器人本体的运动控制外，还能担负多个伺服单元的有关控制。扩展的伺服单元含有伺服驱动器和伺服电动机，通常被称为外部轴。常见的外部轴如图 3-73 所示。增加的外部轴只能使用工业机器人厂家提供的产品。外部轴电动机的功率按机械负荷选定，外部轴增加的数量受主控单元的能力限定。

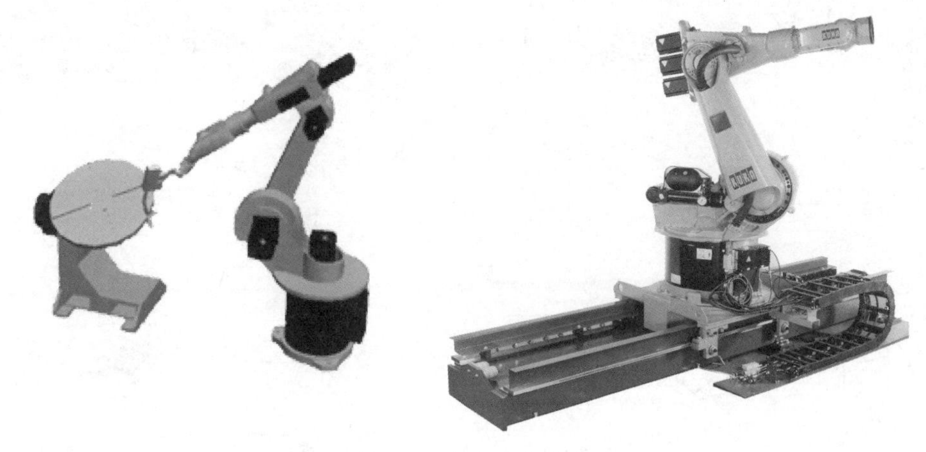

图 3-73 机器人外部轴

2. 协调功能

机器人协调功能指在一个系统控制下，机器人与外部工装轴或机器人之间协调运动来完成指定工艺要求的功能，多用于弧焊工艺。对于机器人控制系统，不同的机器人制造商所控制的轴组或机器人数量不同。

（1）控制器 协调控制器有双机系统控制（图 3-74）和三机系统控制（图 3-75）两种。

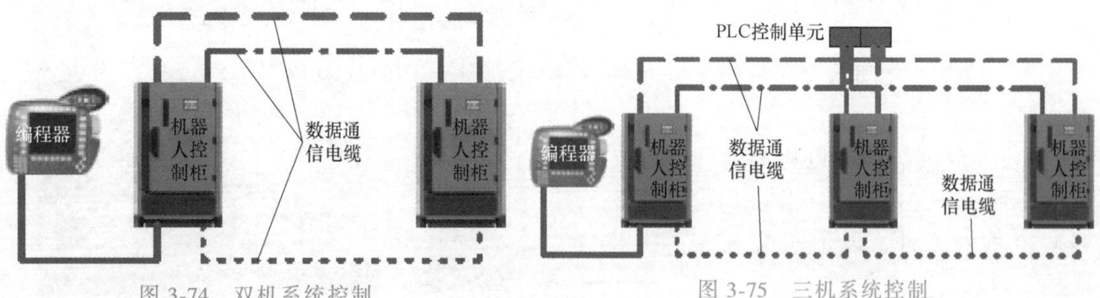

图 3-74 双机系统控制 图 3-75 三机系统控制

（2）协调类型 常见的协调类型有双机协调（图 3-76）、双机及多机协调（图 3-77）、单机与外部轴协调（图 3-78）、双机与外部轴协调（图 3-79）和三机与外部轴协调（图 3-80）。

（3）意义协调功能的意义有以下几点：

1）机器人可以用最好的工作姿态完成移动工件上的工艺应用，极大地提高了工艺质量，缩短了工作时间，提高了节拍。

2）高安全等级，有效避免了机器人之间以及机器人与工装之间的干涉。通常情况下，利用外围控制设备或机器人之间的控制信号不能从根本上避免碰撞发生，但协调功能利用一个控制系统就很简单地解决了这个问题。

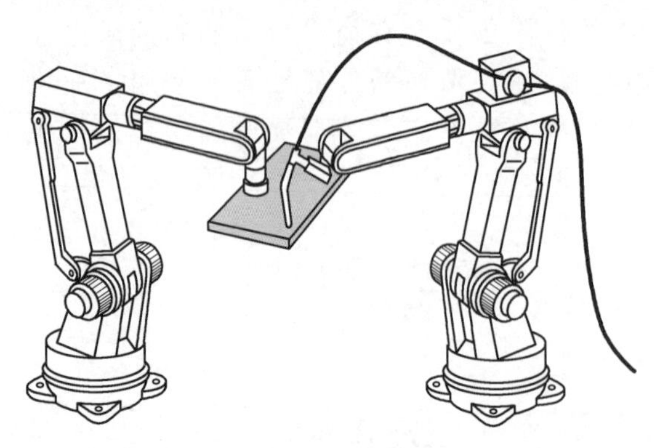

图 3-76　双机协调

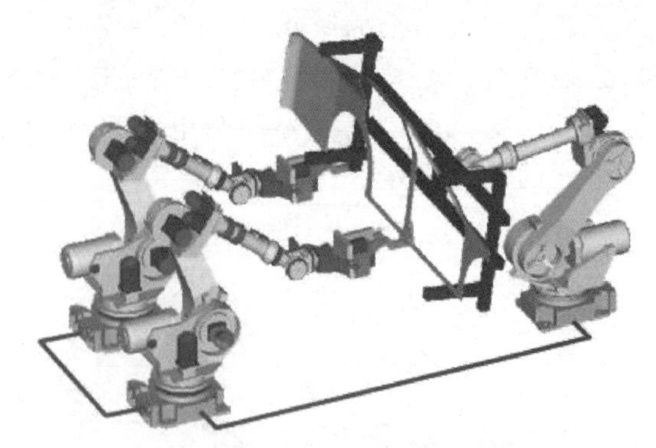

图 3-77　双机及多机协调

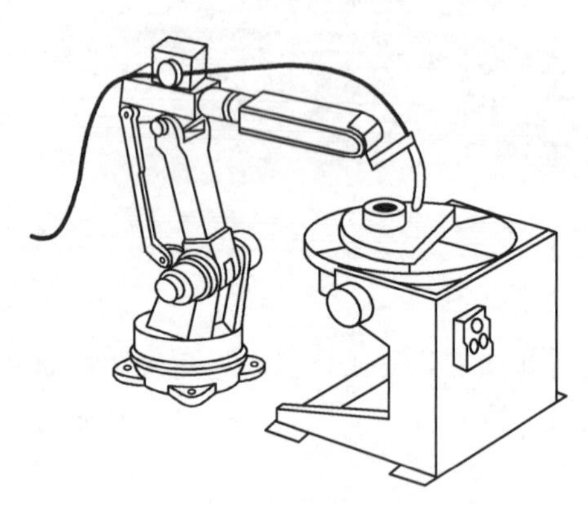

图 3-78　单机与外部轴协调

图 3-79　双机与外部轴协调

3）简便的程序编辑。在一个控制系统内可以完成机器人与外部轴、机器人之间或多台机器人之间的程序编辑，并且修改方便。

4）多台机器人可以协同动作，保持高度一致性来完成一个工作。如可以实现搬运更重的工件，取消工装夹具，代替滑橇。

图 3-80　三机与外部轴协调

3. 同步跟踪

机器人同步跟踪功能实现了机器人与传送带的同步运行，广泛应用于流水线作业，如车身喷漆线、手机外壳喷涂线等，大大提高了生产率。其工作原理就是在普通电动机驱动的传送带驱动轴上安装一个速度传感器（编码器）和一个检测元件，通过光电开关或行程开关获取同步信号。机器人从同步点开始，用传送带的速度修正值修正轨迹，追踪传送带上的工件，对移动中的工件实施加工作业。应在传送带静止时进行示教，示教中要考虑到工件的移动方向，使动作不会受到干涉。

4. 检出功能

机器人在应用过程中定位要求很精确，而在实际生产过程中由于工件的误差和工装定位误差，经常造成机器人轨迹的偏差而影响工艺质量，因此机器人制造商开发出了机器人自动检出功能，其目的是补偿上述误差造成的轨迹偏差。KUKA 公司开发出的检出功能软件“Touch Sense”主要用于弧焊工艺。

在弧焊应用中，当焊丝接触到工件时，系统采集反馈电流，根据电流反馈信息数据，控制系统自动计算出与正确位置之间的位置偏差，从而使机器人程序按照偏差值进行修复。

检测方式有单接触检测方式和双接触检测方式。

（1）单接触检测方式　首先设定好程序起点，在设定的检测距离内进行工件搜索，一旦接触到工件，运动停止并执行后续机器人动作（如抓取等）。检测方向由辅助点确定。

（2）双接触检测方式　机器人在辅助点确定的方向上由起点开始进行检索，一旦检索到工件一侧，系统会自动沿着轨迹反向运动进行另一侧的检索，直到检测出为止。然后，根据两次的位置关系计算出工件两侧的中心点。

5. 视觉功能

视觉技术是电视技术与计算机技术相结合的产物。其作用是用摄像机摄取物体的图像，经图像处理单元对图像按照一定的条件进行处理后，抽取出对象物体的某种特殊数据，输出检测结果。视觉系统和机器人控制系统相配合，使工业机器人具有视觉功能，从而感知外界环境变化，依据检测结果实施相应的动作或修正控制点的轨迹。

工业机器人与视觉系统配合使用时，要有相应的软、硬件接口，并使图像的信息处理过程与工业机器人的作业程序并行处理。用机器人语言命令编制简单的子程序，读取界面数据，利用图像处理结果，自动进行相应的动作。KUKA 机器人可视化控制系统构成如图 3-81 所示。

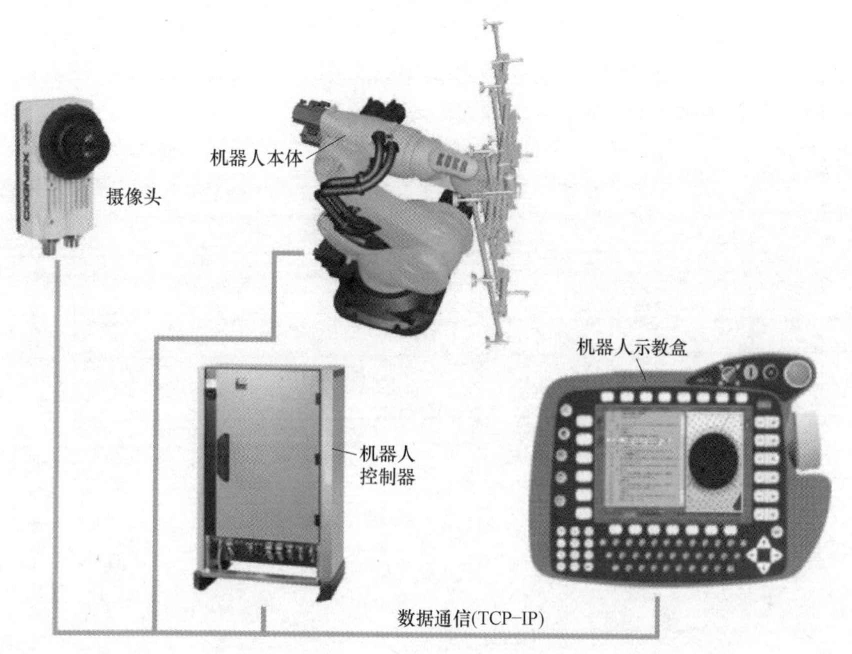

图 3-81　KUKA 机器人可视化控制系统构成

机器人视觉功能是机器人制造商开发的专用软件包，以 KUKA 机器人 KRC2 系统为例，视觉功能的工作流程如下：

1）确定机器人控制系统可视化设备的连接，一般情况下采用 TCP-IP 通信方式。

2）通过可视化设备进行数据读取。

3）通过摄像装置目标识别、2D 影像定位和定向，并在机器人运行过程中将影像信息上传到 KUKA　HMI 系统中。

4）在机器人运行或诊断过程中，在 KUKA　HMI 上实时监控静态或动态图像。

图 3-82 所示为视觉系统在工件分拣中的应用，当工件通过传送带经过视觉采集区时，视觉系统获取工件二维影像，确定其位置和角度关系，机器人系统相应进行位置补偿，从而实现工件的分拣。

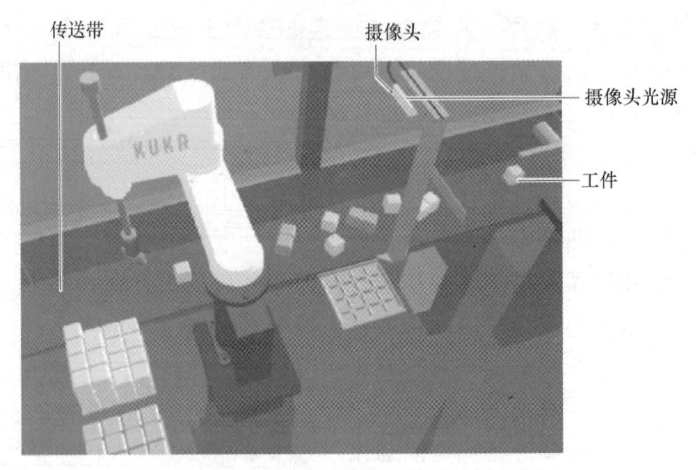

图 3-82　视觉系统在工件分拣中的应用

6. 远程控制网络

工业机器人的远程控制达到了设备信息集中统一管理的目的，工程师在中控室就能监视任意一台机器人的故障信息和程序运行状况，如图 3-83 所示。

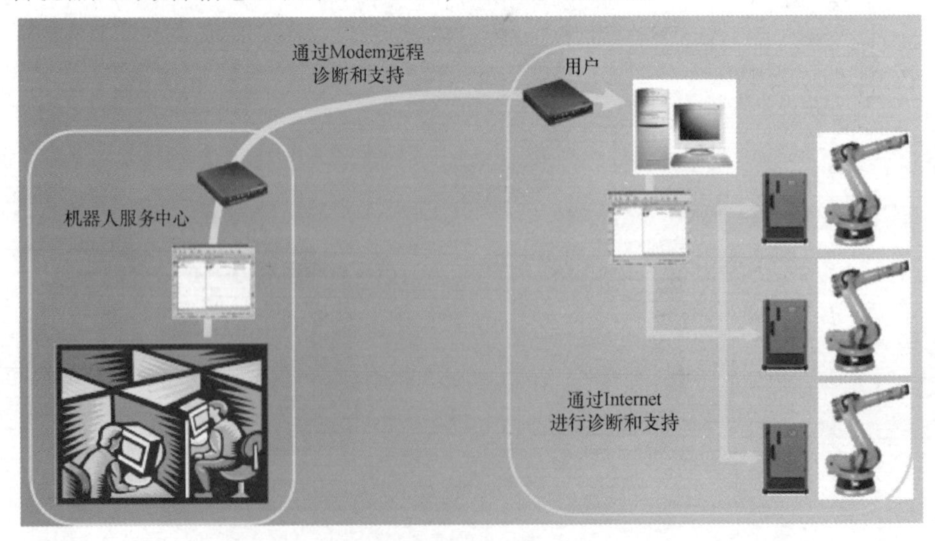

图 3-83　工业机器人远程控制

一般情况下，上位控制主机与机器人控制系统通过网络连接。主要的数据交换方式有3种：LAN（局域网）连接、Gateway（网关）连接和Dial-in（拨入）连接。

（1）LAN连接　在较简单的网络结构中，多采用LAN连接，通信协议为TCP-IP，其网络连接情况如图3-84所示。

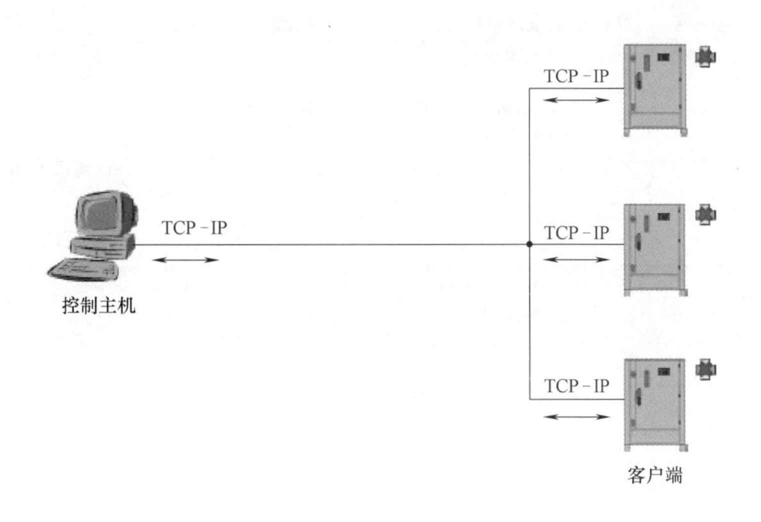

图3-84　LAN连接

（2）Gateway连接　在主机和机器人控制系统之间的数据交换要通过一个或多个防火墙时，TCP-IP通信协议是不能用的。这时候利用Gateway将TCP-IP通信协议中的数据流转换成HTTP协议，因为HTTP协议能更容易地通过防火墙。其网络连接情况如图3-85所示。

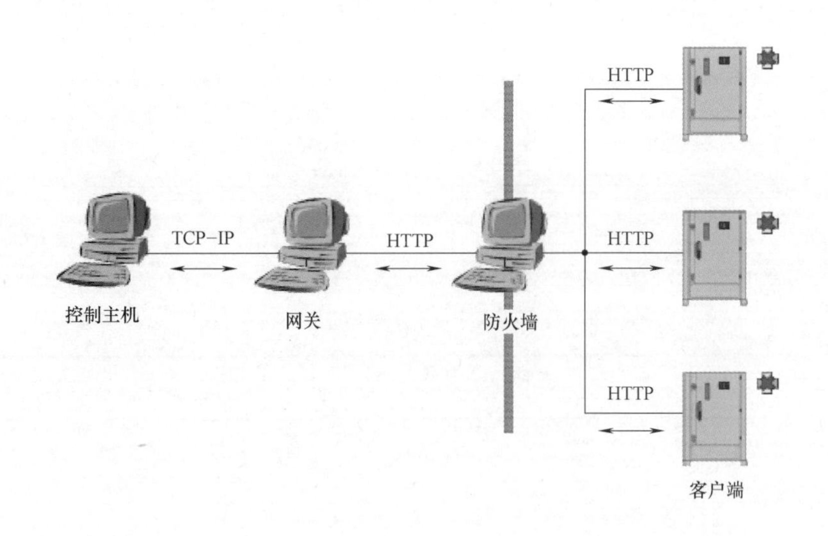

图3-85　Gateway连接

（3）Dial-in连接　主机和控制器不在同一子网时，一般采用Dial-in连接方式。其网络连接情况如图3-86所示。

3 PROJECT

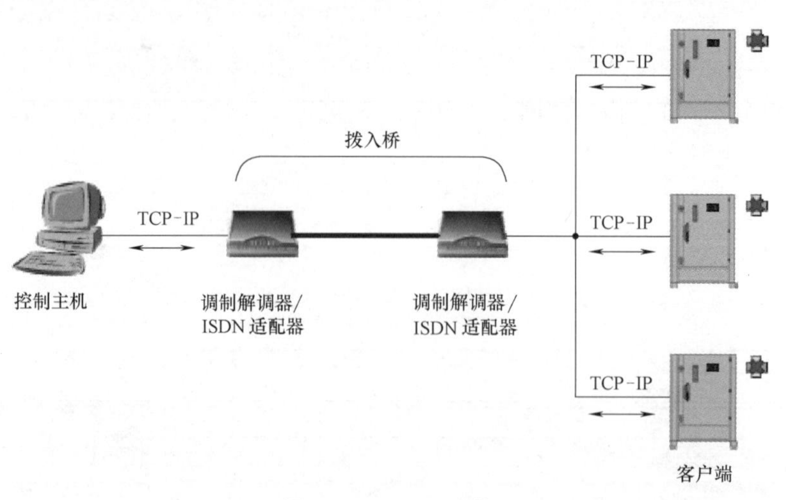

图 3-86 Dial-in 连接

项目4 工业机器人在自动生产线上的应用

4.1 弧焊机器人系统

弧焊机器人的应用范围很广，除汽车行业之外，在通用机械、金属结构等许多行业中都有应用。弧焊机器人在弧焊作业中，要求焊枪跟踪工件的焊道运动，并不断填充金属形成焊缝，因此运动过程中速度的稳定性和轨迹精度是其作业性能的两项重要指标。一般情况下，焊接速度约为 5~50mm/s，轨迹精度约为 0.2~0.5mm。由于焊枪的姿态对焊缝质量有一定影响，因此希望在跟踪焊道的同时，焊枪姿态的可调范围尽量大。作业时，为了得到优质焊缝，往往需要在动作的示教以及焊接条件（电流、电压、速度）的设定上花费大量的劳力和时间。

1. 系统组成

弧焊机器人系统包括机器人机械手、控制系统、焊接装置和夹持装置，如图 4-1 所示。夹持装置上有两组可以轮番进入机器人工作范围的旋转工作台。

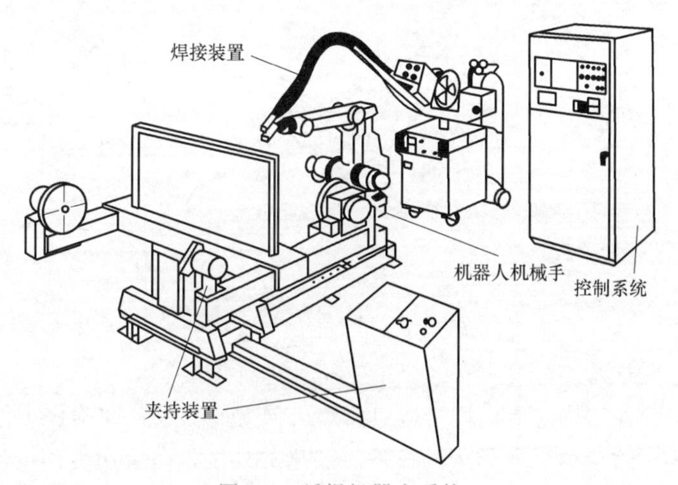

图 4-1 弧焊机器人系统

（1）弧焊机器人基本结构　弧焊机器人通常最少有 5 个自由度，具有 6 个自由度的机器人可以保证焊枪的任意空间轨迹和姿态；点至点方式移动速度可达 60m/min 以上，其轨迹重复精度可达到 0.2mm，可以通过示教再现方式或编程方式工作。弧焊机器人的控制系统不仅要保证机器人的精确运动，而且要具有可扩充性，以控制外围设备，确保焊接工艺的实施。

（2）弧焊机器人外围设备　弧焊机器人只是焊接机器人系统的一部分，还有行走机构及小型和大型移动机架（通过这些机构扩大工业机器人的工作范围），同时还具有各种用于接受、固定及定位工件的转台、定位装置及夹具。倒置在龙门架上的弧焊机器人如图4-2所示，常用的转台如图4-3所示。

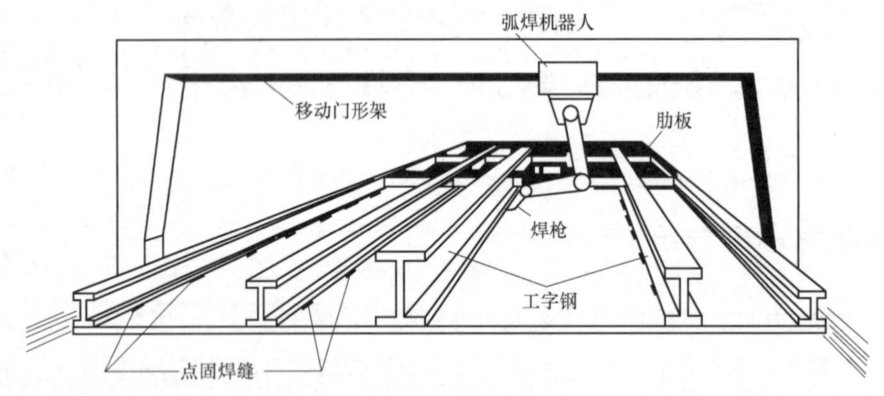

图4-2　倒置在龙门架上的弧焊机器人

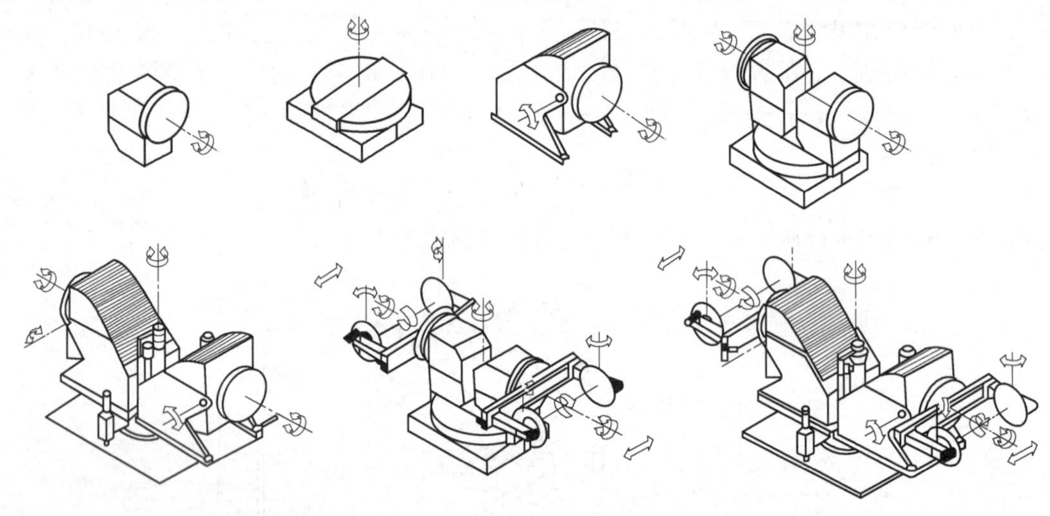

图4-3　常用的转台

在最常见的结构中，工业机器人固定在基座上，工件转台则安装在其工作范围内。为了更经济地使用工业机器人，至少应有两个工位轮番进行焊接。

所有这些外围设备的技术指标均应适应弧焊机器人的要求，即确保工件上焊缝的位置精度达到0.2mm。为了适应弧焊机器人的发展，新型的外围设备会由专门的工厂进行生产。

工业机器人本身及转台的基本构件已经实现标准化，用于每种工件装夹、定位及固定的工具既有简单的、用手动夹紧杠杆操作的设备，也有极复杂的全自动液压或气动夹紧系统。

（3）焊接设备　用于工业机器人的焊接电源及送丝设备，其参数选择必须由机器人控制器直接控制，为此一般至少通过2个给定电压达到上述目的。对于复杂过程，如脉冲电弧焊或填丝钨极惰性气体保护焊时，可能需要2~5个给定电压。电源在其功率和接通持续时间上必须与自动过程相符合，必须安全地引燃，并无故障地工作。使用最多的焊接电源是晶闸管整流电源。

送丝系统必须保证恒定送丝，应设计成具有足够的功率并能调节送丝速度。为了机器人的自由移动，必须采用软管，但软管应尽量短。在工业机器人电弧焊时，由于焊接持续时间长，经常采用水冷式焊枪。焊枪与机器人末端的连接处应便于更换，并需要有柔性的环节或制动保护环节，防止示教和焊接时与工件或周围物体碰撞，影响机器人的使用寿命。

（4）控制系统与外围设备的连接　工业控制系统不仅要控制机器人机械手的运动，还需控制外围设备的动作、开启、切断以及安全防护。

2. 弧焊机器人的应用

弧焊机器人可以应用在所有电弧焊、切割技术范围及类似的工艺方法中。适合机器人的焊接方法如图 4-4 所示，弧焊机器人在汽车车身焊接中的应用如图 4-5 所示。最常用的应用范围是结构钢和 Ni 钢的熔化极活性气体保护电弧焊（CO_2 气体保护电弧焊、MAG 焊），铝及特殊合金熔化极惰性气体保护电弧焊（MIG 焊），Ni 钢和铝的加冷丝和不加冷丝的钨极惰性气体保护电弧焊（TIG 焊）以及埋弧焊。除气割、等离子弧切割及等离子弧喷涂外，还实现了在激光切割上的应用。

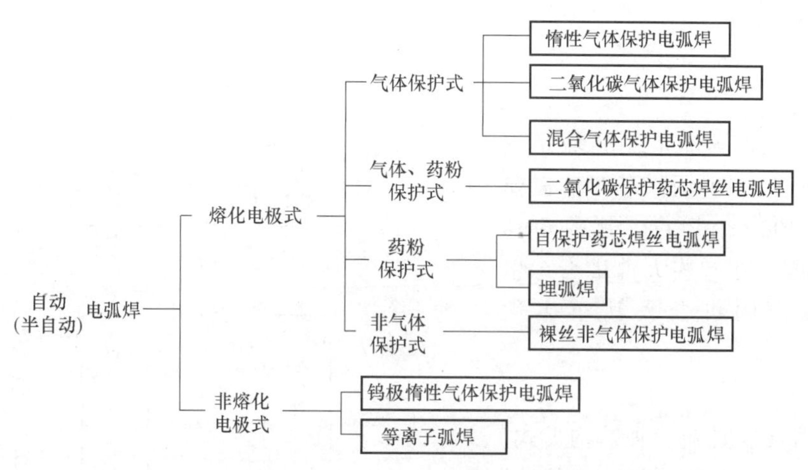

图 4-4　适合机器人的焊接方法

图 4-5　弧焊机器人在汽车车身焊接中的应用

3. 操作及安全

（1）弧焊机器人的操作　工业机器人普遍采用示教方式工作，即通过示教盒的操作键引导到起点，然后用按键确定位置、运动方式（直线或圆弧插补）、摆动方式、焊枪姿态以及各种焊接参数，同时还可通过示教盒确定外围设备的运动速度等。焊接工艺操作包括引弧、施焊、熄弧、填满弧坑等，也通过示教盒给定。示教完毕后，机器人控制系统进入程序编辑状态，焊接程序生成后即可进行实际焊接。

（2）弧焊机器人的安全　安全设备对于工业机器人工位是必不可少的。工业机器人应在一个被隔开的空间内工作，用门或光栅保护，机器人的工作区通过电及机械方法加以限制。从安全角度出发，危险常出现在以下几种情况：

1）在示教时。这时，示教人员为了更好地观察，必须进到机器人及工件近旁。在这种工作方式下，限制机器人的最高移动速度和急停按键，会提高安全性。

2）在维护及保养时。此时，维护人员必须靠近机器人及其外围设备，进行工作及检测操作。

3）在突然出现故障后观察故障时。因此，机器人操作人员及维修人员必须经过特别严格的培训。

4.2　点焊机器人系统

点焊机器人的典型应用领域是汽车工业。一般装配 1 辆汽车车体需要完成 3000～4000 个焊点，其中 60% 由机器人完成。在有些大批量汽车生产线上，应用的机器人甚至多达 150 台。

1. 点焊机器人

点焊机器人虽然有多种结构形式，但大体上都可以分为 3 大组成部分，即机器人本体、点焊焊接系统及控制系统，如图 4-6 所示。目前应用较广的点焊机器人，其本体形式为直角坐标简易型和全关节型。前者可具有 1～3 个自由度，焊件及焊点位置受到限制；后者具有 5～6 个自由度，分直流伺服和交流伺服两种形式，能在可到达的工作区间内任意调整焊钳姿态，以适应多种结构形式的焊接。

点焊机器人控制系统由本体控制部分及焊接控制部分组成。本体控制部分除了实现焊接姿态、焊接轨迹、焊接位置可达性及程序转换以外，还

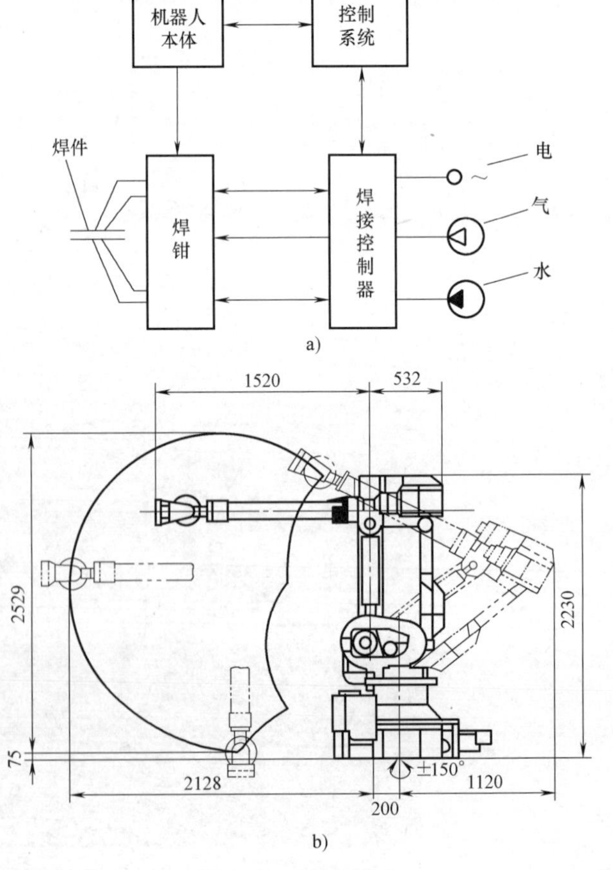

图 4-6　点焊机器人

通过改变主电路晶闸管的导通角而实现焊接电流控制。

2. 焊接系统

焊接系统主要由控制器、焊钳（含阻焊变压器）及水、气、电源等辅助设备组成。

（1）控制器 控制器的分类有以下两种：

1）控制器按照变压器类型分为工频点焊机和中频逆变点焊机两种。

工频点焊机的变压器将220V工频（50Hz）电压转换为低电压（30V左右）、大电流输出到点焊机中。

中频逆变点焊机相对于工频变压器，输出为中频（大多为1000Hz），具有大容量、轻量化、高效率、模块化、智能化的特点，较工频设备的可靠性和性能更高。

2）控制器按照焊接控制技术分为恒流焊接点焊机和自适应焊接点焊机。

恒流焊接点焊机在一次焊接过程中，电流不发生改变。工频点焊设备一般采用恒流控制技术。

自适应焊接点焊机在焊接过程中，焊接电流根据焊接电阻进行动态调整，焊接质量稳定，焊核成形较好。由于中频焊接设备电流改变间隔远小于工频焊接设备，可以更精确地控制焊接过程，故自适应焊接技术常被中频点焊设备所采用。

（2）焊钳 焊钳按原理可分为气动焊钳和电动焊钳；按用途可分为X形和C形；按焊钳行程可分为单行程式和双行程式；按焊钳变压器的种类可分为工频焊钳和中频焊钳；按焊钳的加压力的大小可分为轻型焊钳和重型焊钳（一般地，电极加压力在4500N以上的焊钳称为重型焊钳，4500N以下的焊钳称为轻型焊钳）。焊钳分类体系如图4-7所示。

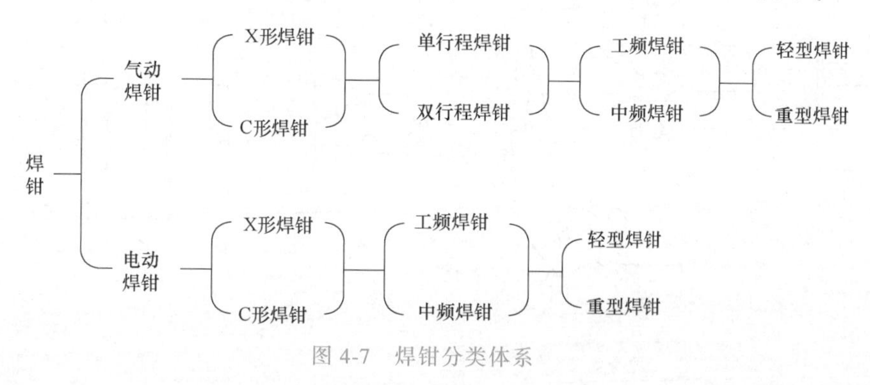

图4-7 焊钳分类体系

1）X形和C形焊钳。X形和C形焊钳如图4-8所示。X形焊钳主要用于点焊水平及近于水平倾斜位置的焊缝，结构如图4-9所示。C形焊钳用于点焊垂直及近于垂直倾斜位置的焊缝，结构如图4-10所示。

在实际应用中，需要根据打点位置的特殊性，对焊钳钳体做特殊设计，以确保焊钳到达焊点位置。

2）分离式焊钳。分离式焊钳的特点是阻焊变压器与钳体分离，钳体安装在机器人手臂上，而焊接变压器悬挂在机器人上方，在轨道上沿着机器人手腕移动的方向移动，两者之间用二次电缆相连，如图4-11所示。

分离式焊钳的优点是减小了机器人的负载，运动速度高，价格便宜；主要缺点是需要大容量的焊接变压器，电力损耗较大，能源利用率低。此外，粗大的二次电缆在焊钳上引起的拉伸力和扭转力作用于机器人的手臂上，限制了点焊工作区间与焊接位置的选择。分离式焊

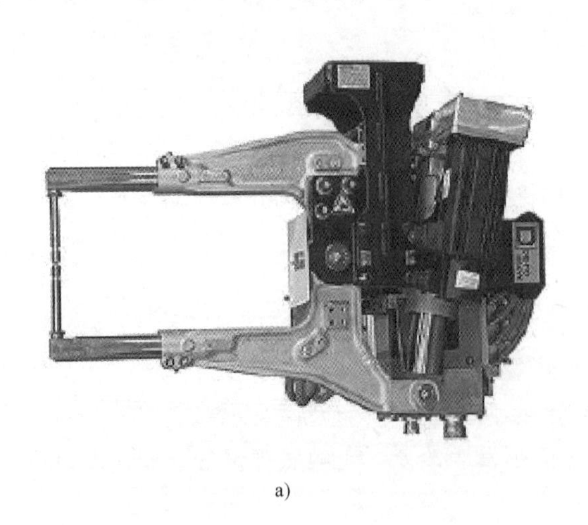

a)

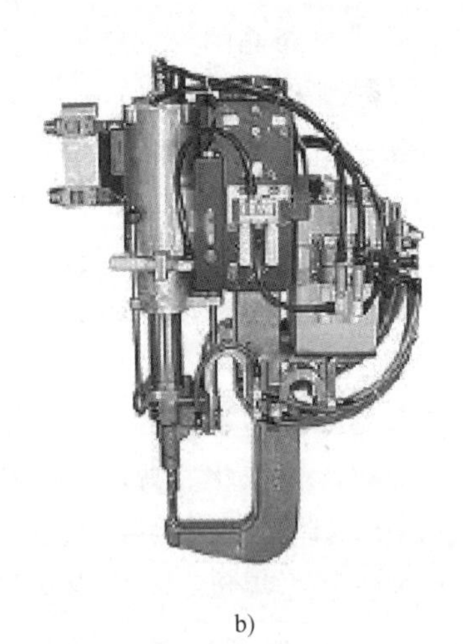

b)

图 4-8　X 形和 C 形焊钳

a）X 形焊钳　b）C 形焊钳

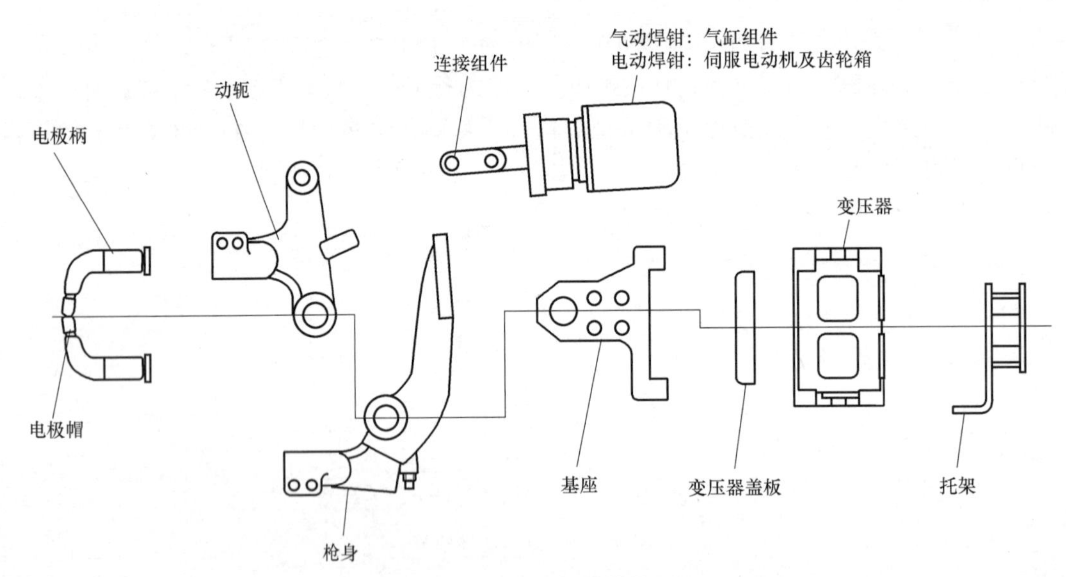

图 4-9　X 形焊钳结构

钳可采用普通的悬挂式焊钳及阻焊变压器，但二次电缆需要特殊制造，一般将两条导线做成一体，中间用绝缘层分开，每条导线要做成空心的，以便通水冷却。此外，电缆还要有一定的柔性。

3）内藏式焊钳。内藏式焊钳是将阻焊变压器安放到机器人手臂内，使其尽可能地接近钳体，变压器的二次电缆可以在内部移动。当采用这种形式的焊钳时，焊钳必须同机器人本体统一设计。另外，极坐标或球面坐标的点焊机器人也可以采取这种结构，如图 4-12 所示。其优点是二次电缆较短，变压器的容量可以减小，但是使机器人本体的设计变得复杂。

4）一体式焊钳。一体式焊钳就是将阻焊变压器和焊钳本体安装在一起，共同固定在机器人手臂末端的法兰盘上，如图 4-13 所示。一体式焊钳的主要优点是省掉了粗大的二次电

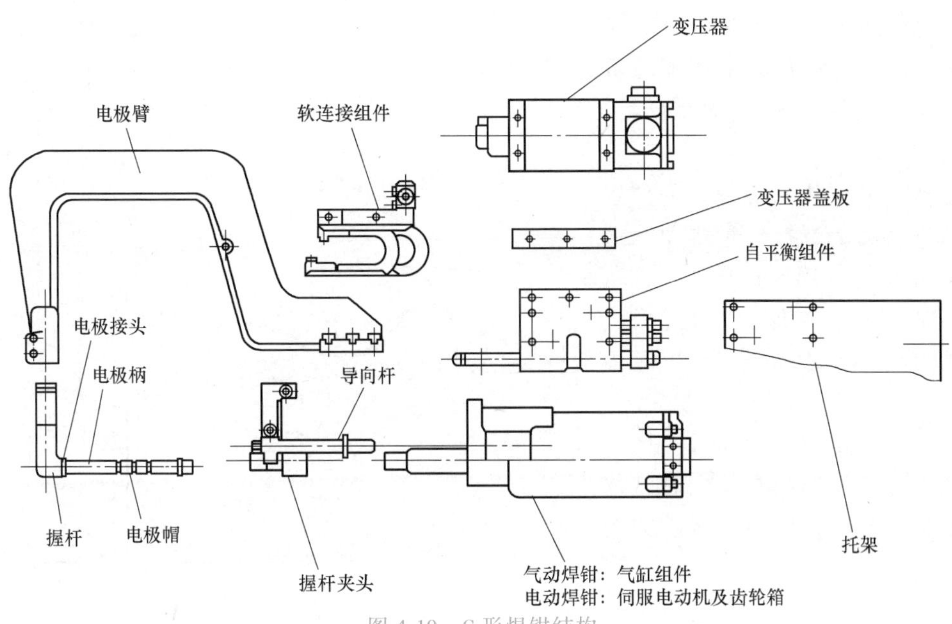

图 4-10 C 形焊钳结构

缆及悬挂变压器的工作架，直接将焊接变压器的输出端连到焊钳的上、下机臂上；另一个优点是节省能量，例如输出电流 12000A，分离式焊钳需 75kV · A 的变压器，而一体式焊钳只需 25kV · A 的变压器。一体式焊钳的缺点是焊钳质量显著增大，体积也变大，要求机器人本体的承载能力大于 60kg。此外，焊钳自重在机器人活动手腕上产生惯性力易引起过载，因此要求在设计时尽量减小焊钳重心与机器人手臂轴心线间的距离。

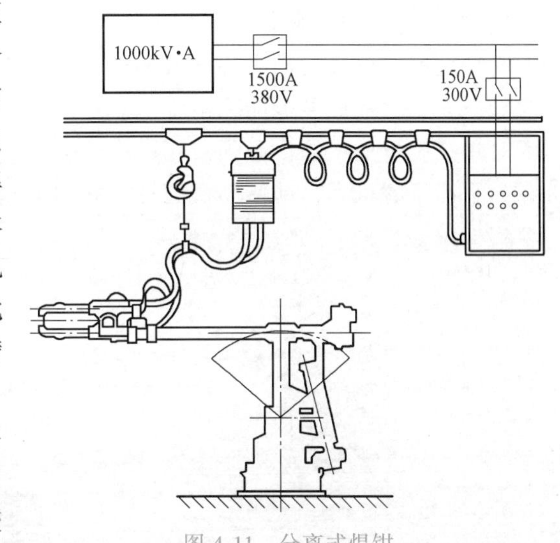

图 4-11 分离式焊钳

阻焊变压器的设计是一体式焊钳的主要问题，由于变压器被限制在焊钳的小空间里，外形尺寸及自重都必须比一般的阻焊变压器小，二次绕组还要通水冷却。目前，采用真空环氧浇注工艺，已制造出了小型集成阻焊变压器。例如 30kV · A 的变压器，尺寸为 325mm × 135mm × 125mm，质量只有 18kg。

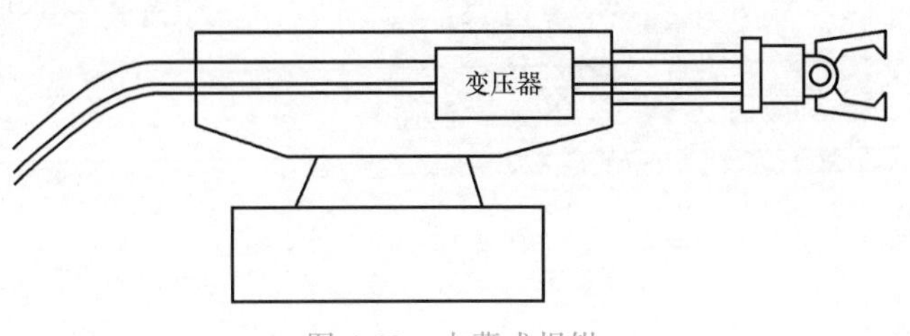

图 4-12 内藏式焊钳

无论是手工悬挂点焊钳还是机器人点焊钳，在订货式样上都有其特殊的要求，即它必须与点焊工件所要求的焊接规范相适应，基本原则是：

① 根据工件的材质和板厚，确定焊钳电极的最大短路电流和最大加压力。

② 根据工件的形状和焊点在工件上的位置，确定焊钳钳体的喉深、喉宽、电极握杆、最大行程、工作行程等。

③ 综合工件上所有焊点的位置分布情况，确定选择何种焊钳。通常有 4 种焊钳应用比较广泛，即 C 形单行程焊钳、C 形双行程焊钳、X 形单行程焊钳和 X 形双行程焊钳。

④ 在满足以上条件的情况下，尽可能地减小焊钳的自重。对悬挂点焊来说，可以减轻操作者的劳动强度；对机器人而言，可以选择低负载的机器人，并可提高生产率。

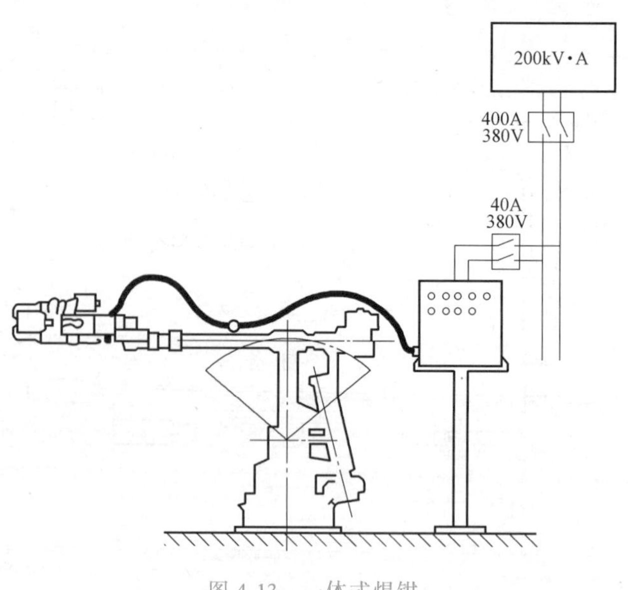

图 4-13　一体式焊钳

（3）辅助设备

1）电极修磨机。通常在点焊生产时，电极上通过的电流密度很大，再加上同时作用比较大的加压力，电极极易失去原有的形状，这样就不能很好地控制焊核的大小，同时由于电极的导电面氧化造成导电能力下降，点焊时不能很好地保证通电电流值。为了消除这些不利因素对焊接质量的影响，必须使用电极修磨机定期对电极进行修磨。一般情况下，电极修磨机分为手动修磨机和自动修磨机两种，如图 4-14 所示。

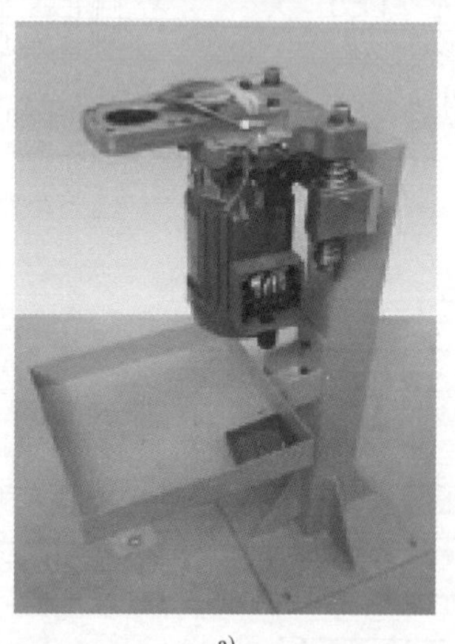

a)

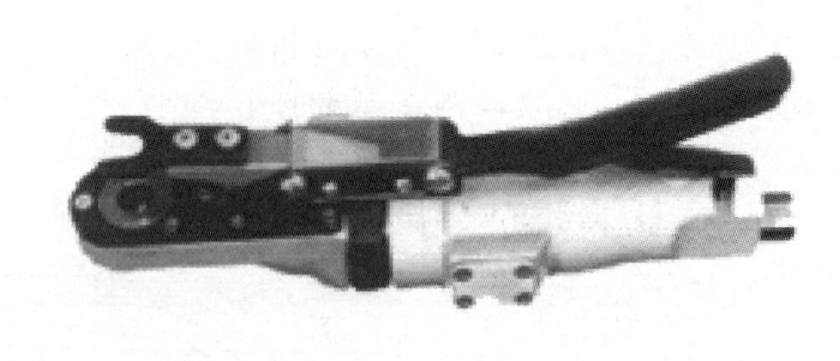

b)

图 4-14　电极修磨机

a）自动修磨机　b）手动修磨机

2）水、气、电源等辅助设备。点焊机器人的辅助设备主要是水、气以及焊接电源，如图 4-15 所示。水的作用主要是焊接冷却，气源主要应用于气动焊钳，控制焊接压力以及焊钳的开合。焊接电源用来提供焊接电流。

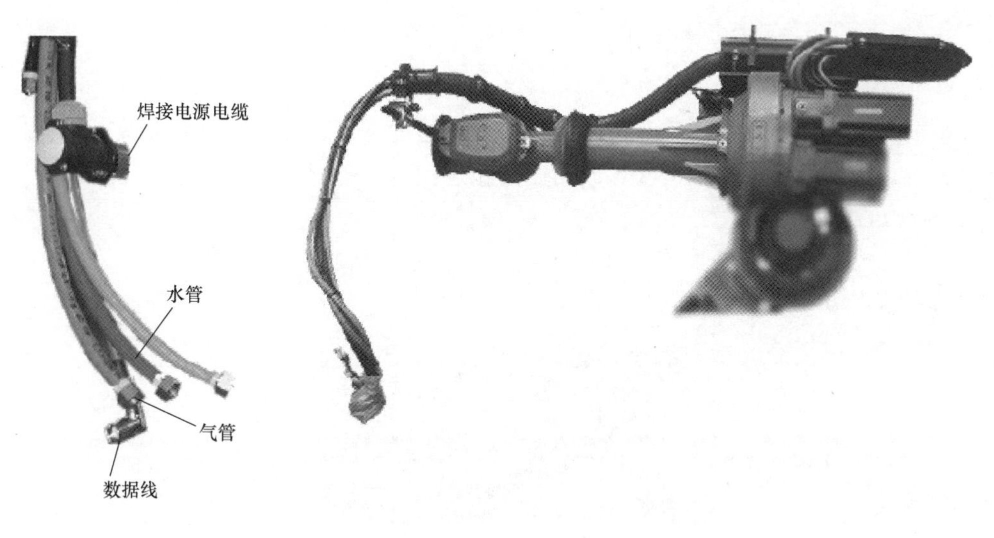

图 4-15 点焊机器人的辅助设备

3. 点焊应用

按照对工件的供电方式，点焊通常分为单面点焊和双面点焊两大类。

单面点焊主要用于电极难以从工件两侧接近工件，或工件一侧要求压痕较浅的场合。双面点焊是最常见的点焊方法，其焊接原理如图 4-16 所示，电极由工件的两侧向焊接处馈电。

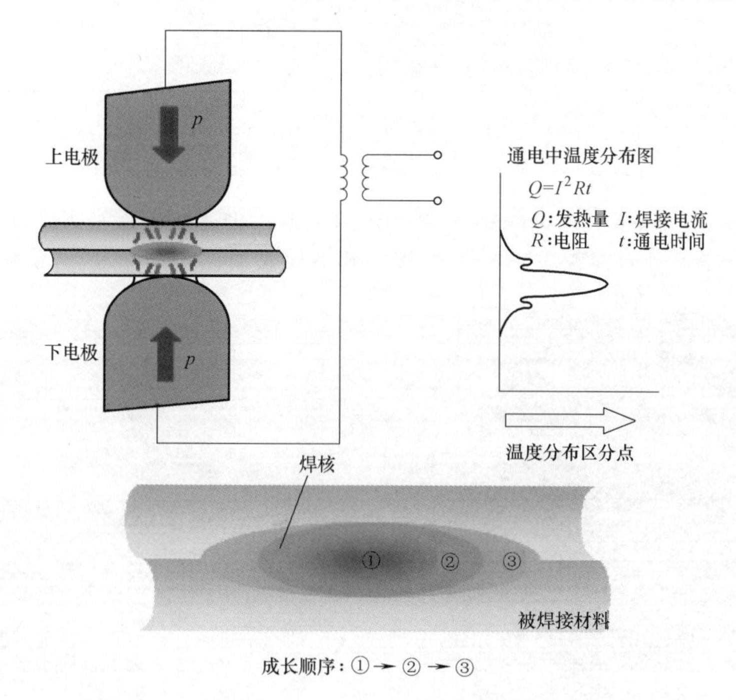

图 4-16 机器人双面焊接原理图

4. 安全操作

点焊机器人的操作与安全注意事项与弧焊机器人相同，此处不再赘述。

4.3 机器人包边系统

汽车车门覆盖件生产中，通常是由内板和外板通过包边工艺形成覆盖件总成。包边是由机器人携带包边滚轮头，通过多次不同角度的包边使内、外板固定完成结合过程。

1. 系统组成

机器人包边系统由滚轮系统、机器人系统、压力控制系统、模具和定位工装系统等组成，如图 4-17 所示。

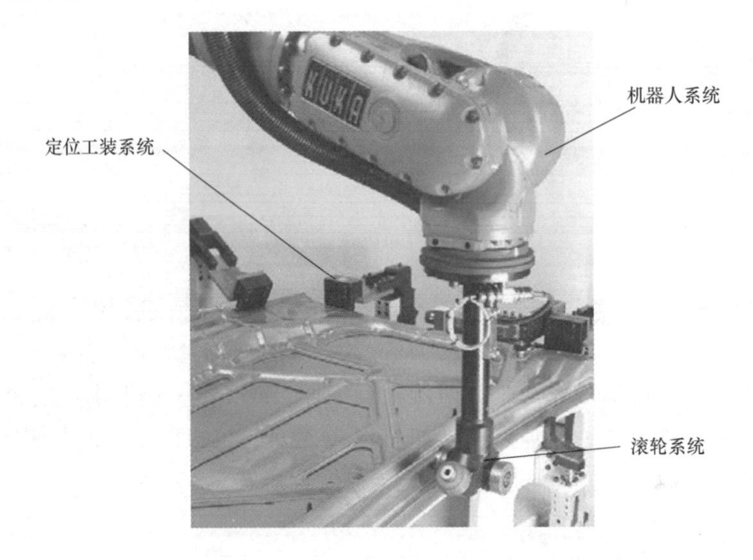

图 4-17 机器人包边系统

（1）滚轮系统 滚轮系统将滚轮压在需要加工的平面上，由一个旋转轴控制滚轮的移动。包边滚轮头主要分为推式滚轮（图 4-18）和推拉式滚轮（图 4-19）两种。

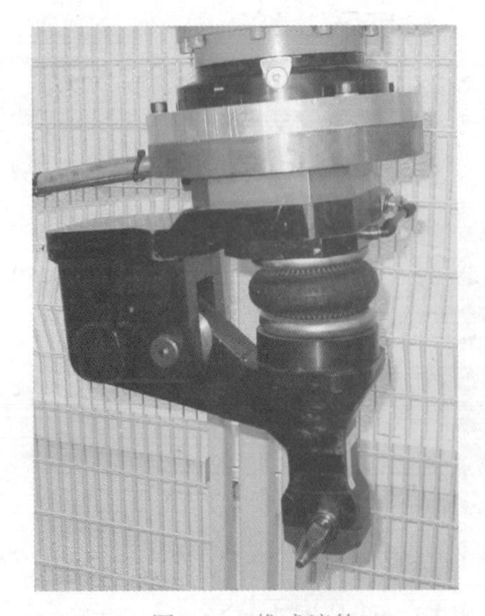

图 4-18 推式滚轮

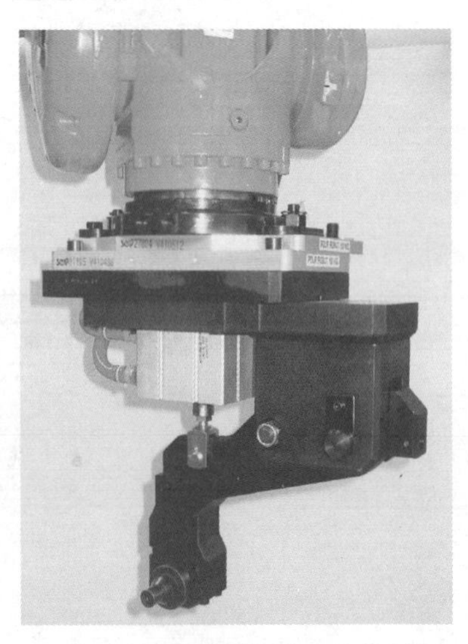

图 4-19 推拉式滚轮

（2）压力控制系统　压力控制系统分为比例阀压力控制系统和机械式压力控制系统。

比例阀压力控制系统的压力控制通过机器人控制箱向比例阀传送模拟输入的控制信号，同时接收其反馈信号，实现对气缸输入压力的控制，最终完成对滚轮与工件间压力的控制，如图 4-20 所示。机械式压力控制系统通过压力刻度尺来控制滚轮与接触工件间的压力。

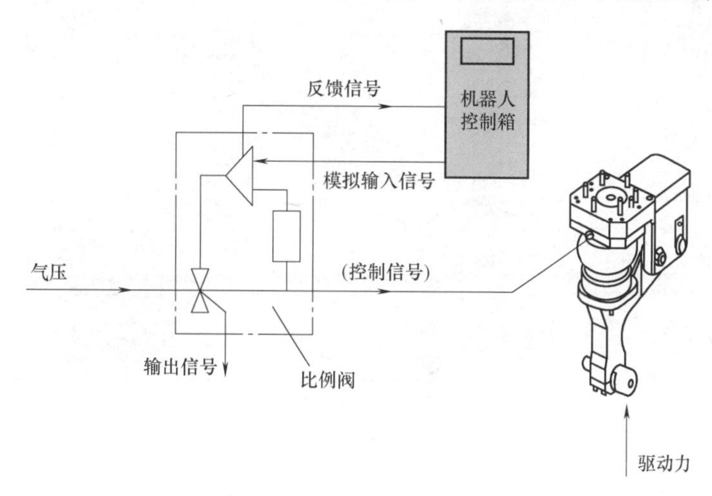

图 4-20　比例阀压力控制系统

（3）机器人系统　机器人系统分为机器人定型系统（图 4-21）和机器人柔性系统（图 4-22）两种。

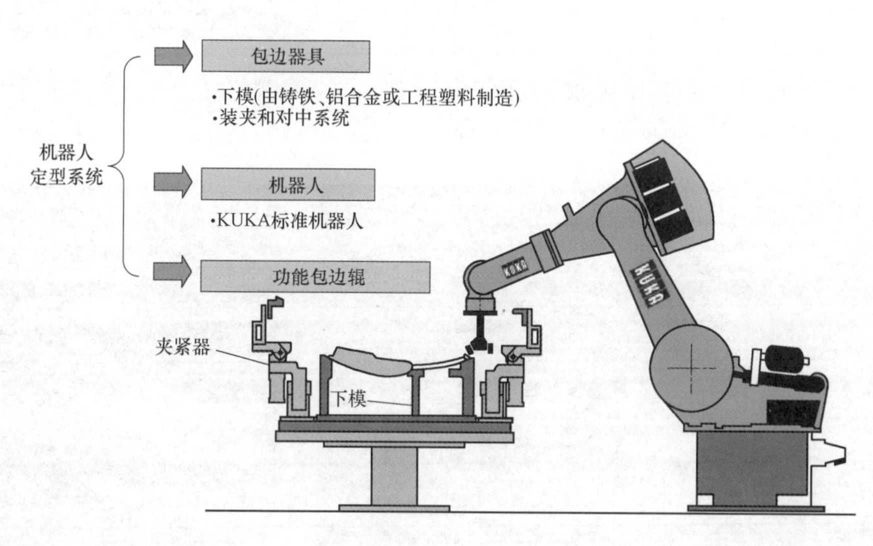

图 4-21　机器人定型系统

2. 包边应用

机器人包边工艺常用于汽车车身覆盖件工位，其工作方式灵活，可以适应多种车型的包边工艺要求。机器人包边通常应用于四门两盖、天窗、翼子板等工位。

（1）汽车前门包边　汽车前门包边通常有 3 道包边工艺（60°、30°、0°），如图 4-23 所示。汽车前门包边如图 4-24 所示。

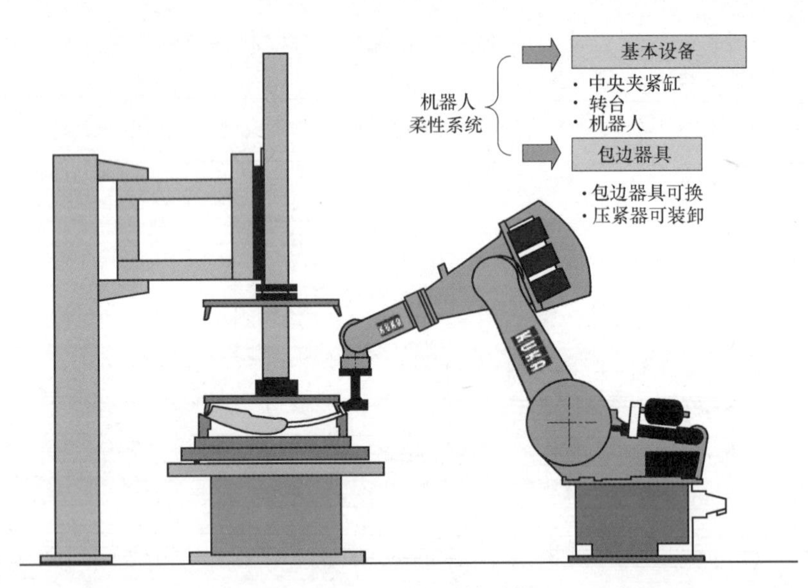

图 4-22　机器人柔性系统

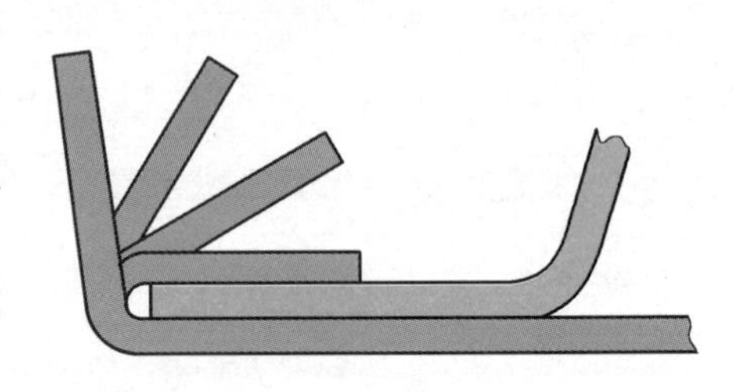

图 4-23　汽车前门包边工艺

（2）汽车发动机罩包边　汽车发动机罩包边如图 4-25 所示。发动机罩包边通常有 3 道包边工艺（60°、30°、0°），但有的汽车生产制造商会根据生产工艺的不同，增加第 4 道包边工艺，即水滴包边。

（3）汽车翼子板包边　汽车翼子板包边如图 4-26 所示。

（4）汽车天窗包边　汽车天窗包边有 90°法兰边（图 4-27）和 180°法兰边（图 4-28）两种。

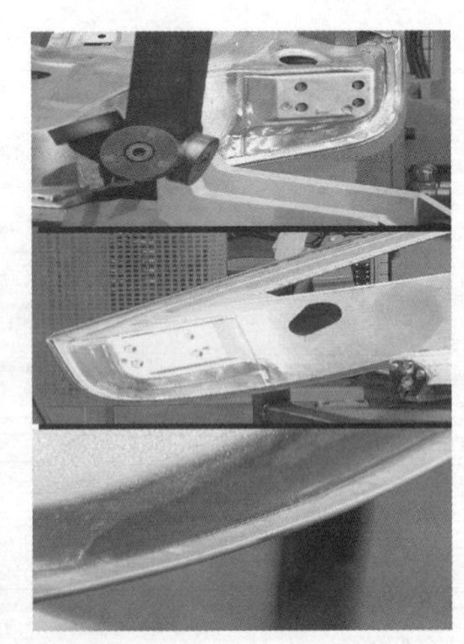

图 4-24　汽车前门包边

3. 包边特点

机器人包边有以下特点：

1）投资成本低。

2）单台机器人可以包多个工件，包边工具可换。

3）维护成本低。

4）扩容简单易行。

5）可通过改变机器人程序适应板件的变化。

6）不输于电驱或液压方式生产的产品质量，甚至更好。

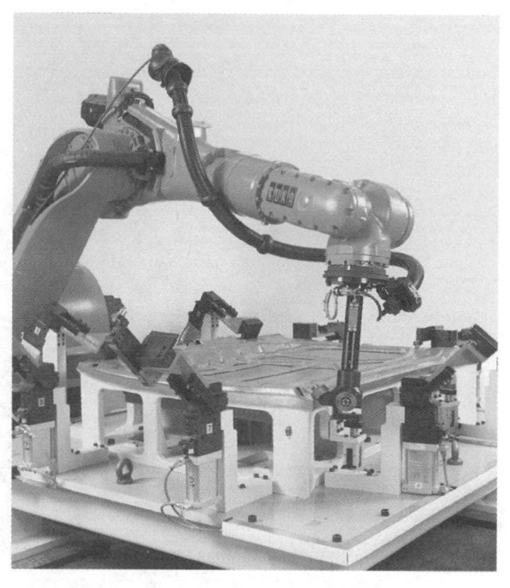

图 4-25　汽车发动机罩包边

4. 质量参数

机器人包边的质量参数有：

1）滚边步数。

2）滚边速度。

3）滚边压力。

4）定位精度。

5）夹持压力。

6）胎具质量。

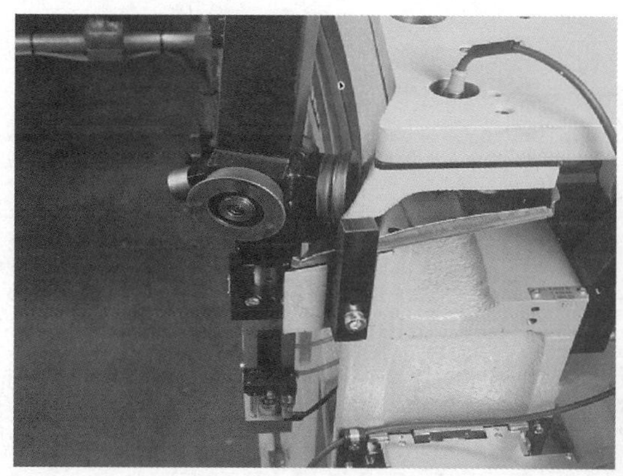

图 4-26　汽车翼子板包边

图 4-27　90°法兰边

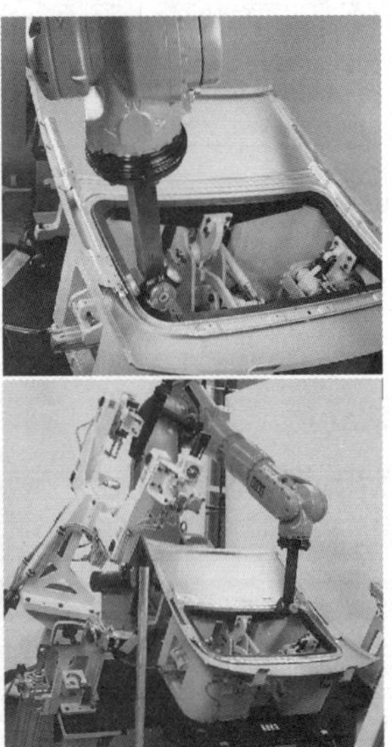

图 4-28　180°法兰边

7）滚边轨迹离线编程精度。

8）滚边工具及胎具标定精度。

9）根据产品形状所做的修整。

10）零件的公差、材质、厚度及形状。

4.4　机器人涂胶系统

机器人涂胶工艺广泛应用于汽车生产制造中，取代了人工涂胶的工作模式，极大地提高了工作效率，缩短了生产周期，进一步提高了汽车车身的质量及稳定性，同时也满足了经济和环保日益提高的要求。

1. 系统组成

机器人涂胶系统（以 SCA 涂胶系统为例）包括机器人、定量胶枪、控制块、胶料管线、双桶泵机、APC3000 控制器的系统柜、开关柜（热胶系统内使用）等，如图 4-29 所示。

2. 涂胶应用

涂胶工艺在汽车自动化生产线中主要包括车身涂胶和汽车风窗玻璃涂胶。

（1）车身涂胶

汽车前门减振胶如图 4-30 所示，汽车前门包边胶如图 4-31 所示，分拼件点焊胶如图 4-32 所示。

（2）风窗玻璃涂胶　为了提高汽车风窗玻璃的安装智能化水平和质量，在风窗玻璃的涂胶安装过程中引入工业机器人系统。由工业机器人涂胶代替原来的手工涂胶，大大提高了汽车风窗玻璃涂胶系统的安装效率和涂胶质量。机器人风窗玻璃涂胶系统一般由机器人、供胶系统、玻璃对中夹具和控制系统组成。机器人风窗玻璃涂胶如图 4-33 所示。

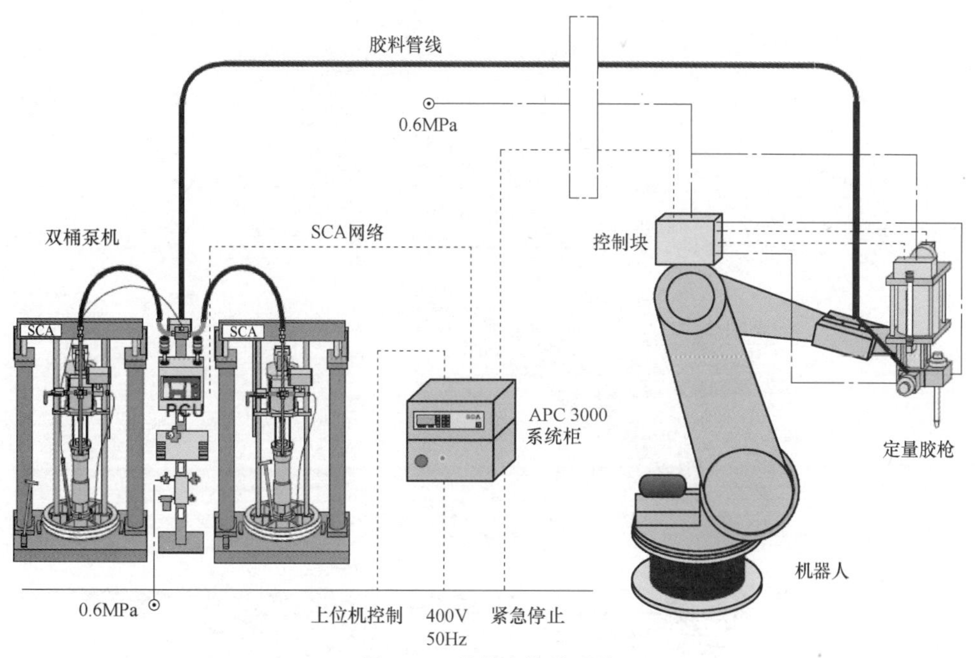

图 4-29　机器人涂胶系统

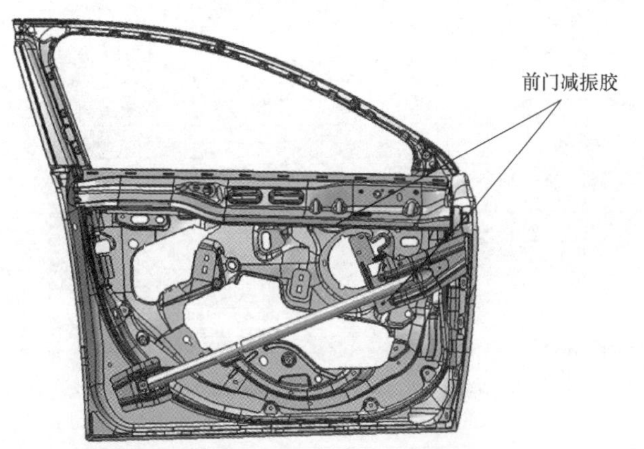

图 4-30　汽车前门减振胶

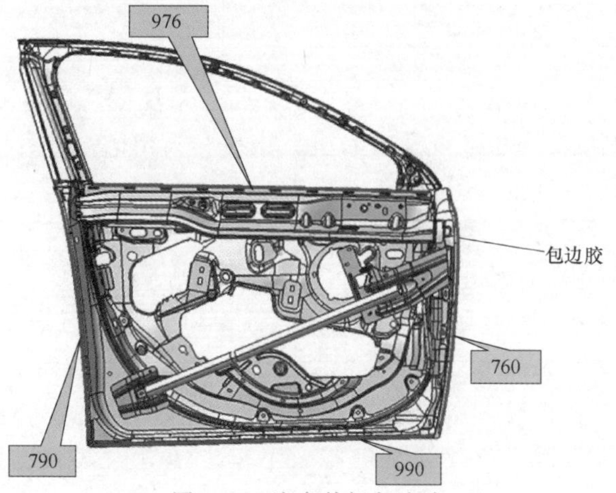

图 4-31　汽车前门包边胶

4
PROJECT

图 4-32　分拼件点焊胶

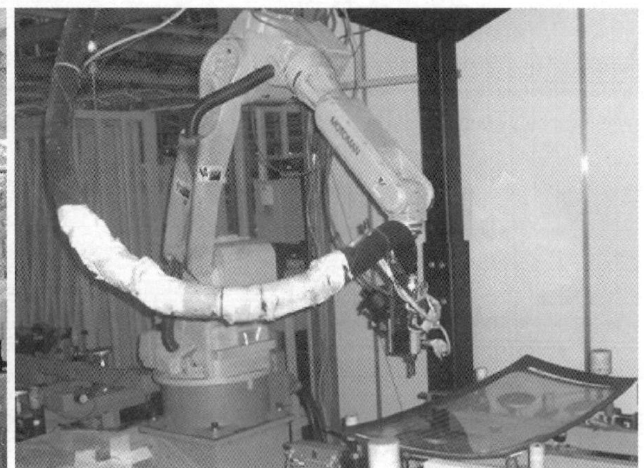

图 4-33　机器人风窗玻璃涂胶

4.5　搬运机器人系统

搬运机器人具有重复定位精度高、可靠性高、生产柔性化、自动化程度高等优点，与人工搬运相比，能够大幅度提高生产率和产品质量；与专机相比，具有可实现生产的柔性化、投资规模小等特点。

1. 系统组成

搬运机器人广泛应用于自动化生产线、自动化工作站，代替了人工搬运，提高了生产率和工艺精度。机器人搬运系统主要包括机器人系统、电气控制系统（阀岛）、端拾器（抓手）系统、快换装置（可选）等，如图 4-34 所示。

（1）机器人系统　在机器人搬运应用中，机器人本体的选型很重要，要充分考虑机器人的重复定位精度、机器人负载以及机器人工作半径等因素，选择最适合生产制造工艺要求的类型。机器人控制系统的选择一般要根据实际生产中下位的数据以及与上位控

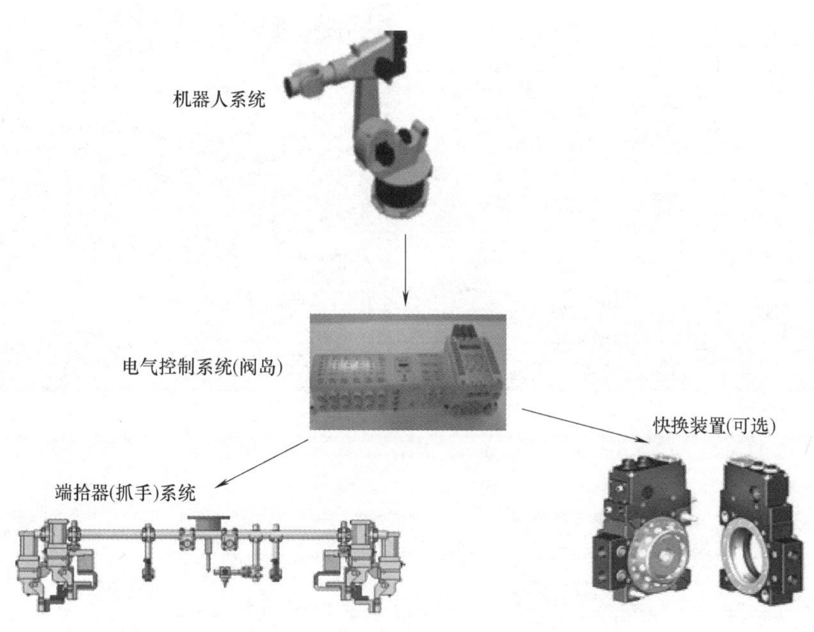

图 4-34 机器人搬运系统

制（PLC 等）之间的通信方式而定，尽可能预留一些 I/O 区域，便于后期工程改造或功能扩展。

（2）电气控制系统（阀岛） 电气控制系统是实现机器人与执行机构信号连接的装置，根据实际控制 I/O 的数量以及通信速度的要求，可以采用点到点的控制方式或通信协议网络控制方式。目前自动化程度较高的生产线都采用网络通信方式，其主要原因是便于控制和维护，但设计成本较高。

（3）端拾器（抓手）系统 端拾器（抓手）系统是实现物料搬运的机械执行机构，一般包括定位机构（如定位销或定位块）、压紧机构、气缸、真空吸盘、感应器等。

端拾器（抓手）系统一般为非标准产品，工程人员要根据实际的工艺要求设计，充分考虑定位机构的分布、压紧机构的压紧力、整体机构的自重以及与外围设备的干涉情况等。

（4）快换装置（可选） 快换装置主要是针对同一台机器人实现不同工艺要求而设定的。例如在装焊地板工位，一台机器人有可能要执行焊接和搬运两种动作，利用快换装置可以有效地解决这个问题。

快换装置的选型要注意以下几个方面：

1）考虑机器人负载以及被抓放工件的自重要求。

2）快换装置的定位精度。

3）快换装置与外围设备通信的要求。

2. 搬运应用

机器人搬运应用因其较高的定位精度、柔性的工作方式被广泛应用于焊装线大型工件的搬运、冲压系统的上下料、拆垛、码垛以及总装车间装配等工艺。机器人搬运地板如图 4-35 所示，机器人搬运顶盖如图 4-36 所示，机器人上、下料如图 4-37 所示，机器人码垛如图 4-38 所示，机器人装配座椅如图 4-39 所示。

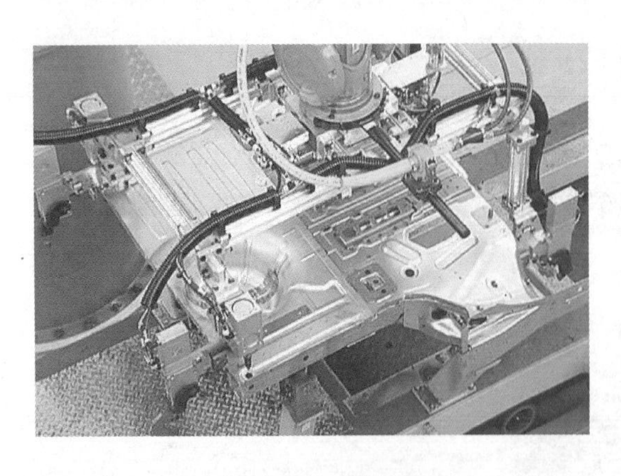

图 4-35　机器人搬运地板

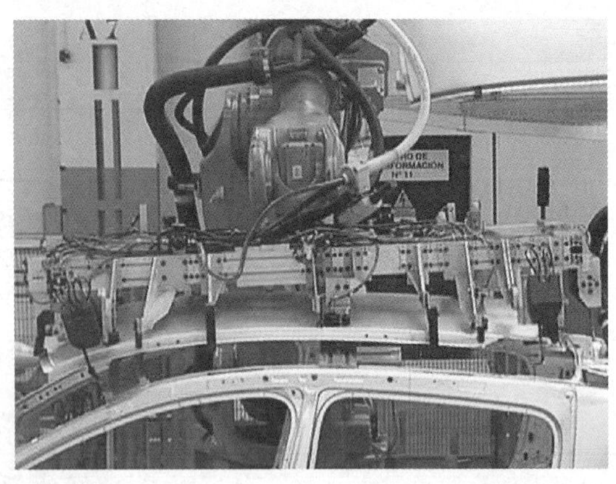

图 4-36　机器人搬运顶盖

图 4-37　机器人上、下料（冲压）

图 4-38　机器人码垛

图 4-39　机器人装配座椅

4.6 机器人 Arplas 焊接系统

Arplas 焊接是一种特殊电极的电阻点焊，如图 4-40 所示，通常用于车门等覆盖件工作站，由于其工艺特性，可以完成金属件边缘的单面焊接。通常在窄小的边缘只能利用激光焊接的工艺方式，而 Arplas 焊接是相对激光焊接而言较为廉价的解决方案。

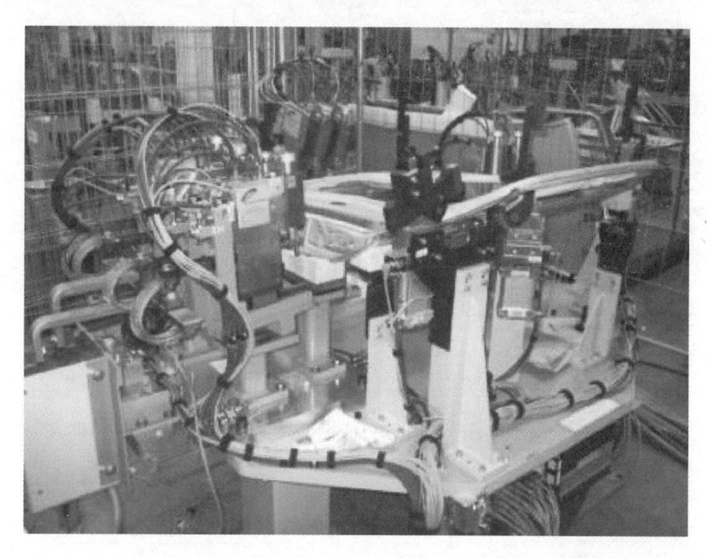

图 4-40 Arplas 焊接

Arplas 焊接依靠特殊的电极使焊点的焊接直径非常小，并且由于焊接总热量小，所以对零件的外观影响很小。Arplas 主要应用于非常窄的零件边缘上的焊接，如汽车门窗框上焊点的焊接。Arplas 可以在仅仅 7mm 宽的凸缘上进行焊接，而传统焊接技术只能在不窄于 20mm 的平面上进行焊接。Arplas 焊接可以用于经过包边的覆盖件，它能够保证总成不变形且外板上无任何痕迹。

1. 系统组成

机器人 Arplas 焊接系统主要包括机器人系统、焊接单元、冲压单元以及辅助气路、电气和机械接口等，如图 4-41 所示。

（1）机器人系统　机器人系统与其他应用机器人系统一样，这里不再赘述。

（2）焊接单元　Arplas 机械手焊接单元可以与各种机械手系统组合在一起，也可以将其固定安装在控制台上使用。焊接单元适合用来焊接不同厚度的板材，且始终应有一个工件上带有 Arplas 凸起。机械手焊接单元配置 C 形焊钳。Arplas 焊头安装在变压器外壳上，并且配有一个内置的 QCS 传感器。在 Arplas 焊头上安装有一个符合具体应用的装置，该装置使用柔性铜导线与变压器的二次侧连接。图 4-42 所示为机械手焊接单元。

（3）冲压单元　Arplas 机械手冲压单元上可安装各种机械手系统，用来在厚度范围很大的板材中冲压出 Arplas 凸起，采用自调式机械手设计，可允许正常的生产误差。图 4-43 所示为凸起冲压单元和基本部件。

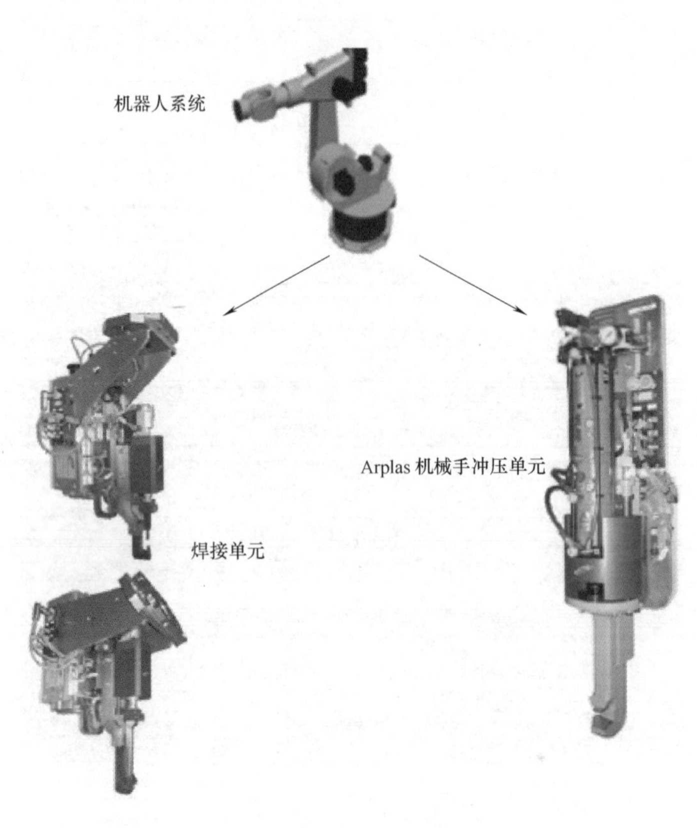

图 4-41　机器人 Arplas 焊接系统

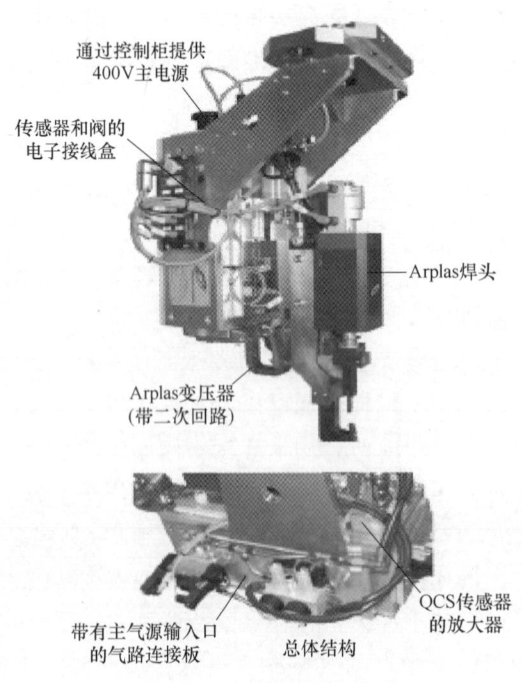

图 4-42　机械手焊接单元

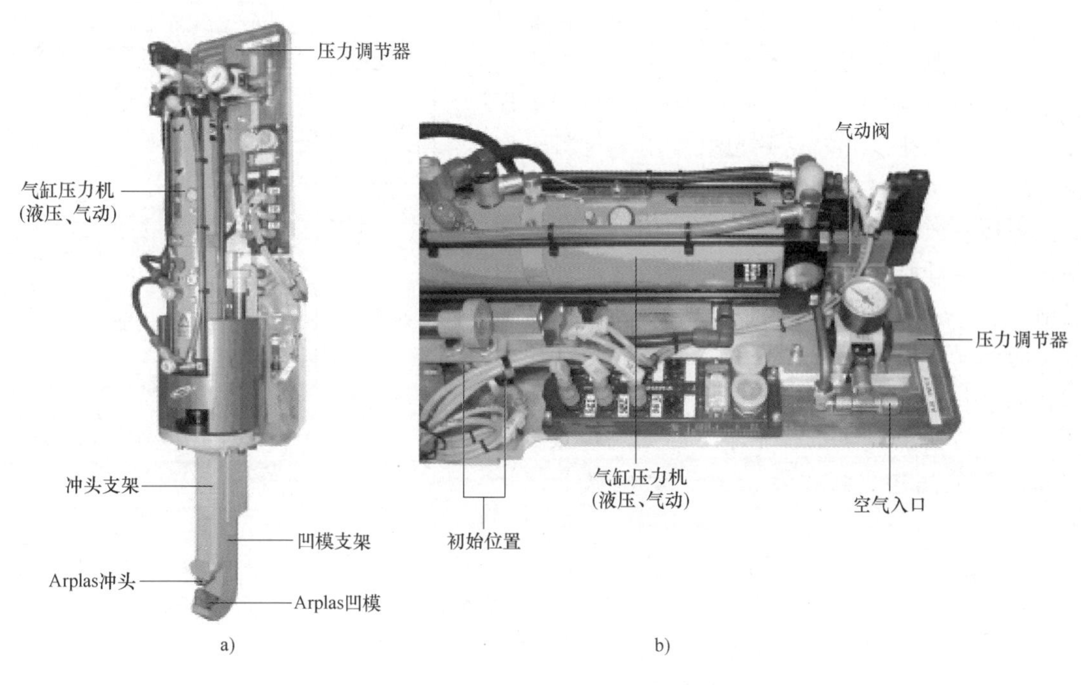

图 4-43　凸起冲压单元和基本部件

a）冲压单元的部件　b）定位接口

2. Arplas 焊接工艺

机器人 Arplas 焊接系统所使用的 Arplas 电极具有自重轻、有完整的低感应变压器等特点，通常使用单电极进行直接焊接。门线内板的 Arplas 焊接如图 4-44 所示。

图 4-44　门线内板的 Arplas 焊接

4.7　激光钎焊机器人系统

1. 激光焊接的原理和优点

激光焊接是用激光束作为热源的焊接方法。焊接时，将激光器发射的高功率密度（$10^8 \sim 10^{12}$W/cm^2）的激光束聚缩成聚焦光束，用以轰击工件表面，产生热能，熔化工件，如图 4-45 所示。

激光束是具有单一频率的相干光束，在发射中不产生发散，可用透镜聚缩为一定大小的焦点（直径为0.076～0.8mm）。小焦点激光束可用于焊接、切割和打孔，大焦点激光束可用于材料表面热处理。激光束可利用反射镜任意变换方向，因而能焊接一般焊接方法无法接近的工件部位。如果采用光导纤维引导激光束，则更能增加焊接的灵活性。

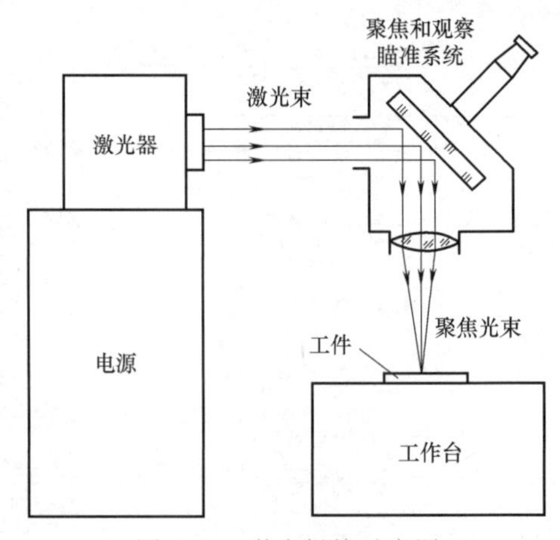

图4-45　激光焊接示意图

激光焊接是将高强度的激光束辐射至金属表面，通过激光与金属的相互作用，金属吸收激光转化为热能使金属熔化后冷却结晶完成焊接。在实际工程应用中，其优点主要表现在以下几个方面：

1）激光束的激光焦点光斑小，功率密度高，可焊接一些高熔点、高强度的合金材料。

2）自动化程度高，焊接速度快，功效高，可方便地进行任何复杂形状的焊接。

3）热影响区小，材料变形小，无须后续工序处理。

4）激光束易于导向、聚焦，实现各方向变换。

5）生产率高，加工质量稳定可靠，经济效益和社会效益良好。

2. 系统组成

下面以激光钎焊为例介绍激光焊接系统的一般组成，如图4-46所示。

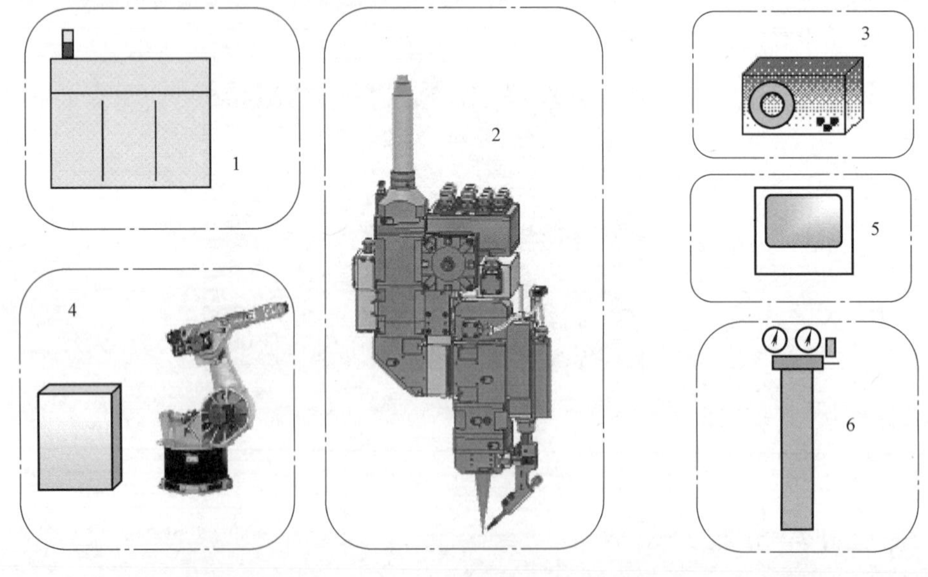

图4-46　机器人激光钎焊系统的基本组成

1—激光器　2—AL03激光头　3—送丝系统　4—机器人系统　5—监视器　6—气源

（1）激光器　激光器是所有激光应用产品的核心部件，激光器的种类很多，可按照激光工作物质、激励方式、运转方式、输出波长范围等几个方面进行分类。根据工作物质物态的不同，激光器分为两大类：

1）固体（晶体和玻璃）激光器。这类激光器所采用的工作物质，是通过把能够产生受激辐射作用的金属离子掺入晶体或玻璃基质中构成发光中心而制成的。固体激光器所用材料为红宝石、钕玻璃等。固体激光器输出能量小，约为1~50J，产生脉冲激光，其加热脉冲持续时间极短（小于10ms），因而焊点可小到几十至几百微米，焊接精度高，适于0.5mm以下厚度的金属箔片的点焊、连续点焊，或直径0.6mm以下的金属丝的对接焊。固体激光器广泛用于焊接微型、精密、排列密集、对受热敏感的电子组件和仪器部件。

2）气体激光器。它所采用的工作物质是气体，并且根据气体中真正产生受激发射作用的工作粒子性质的不同，进一步区分为原子气体激光器、离子气体激光器、分子气体激光器、准分子气体激光器等。气体激光器所用材料为CO_2或氩离子气等，功率范围大（15~25000W），可产生连续激光，能进行连续焊接，可焊0.12~12mm厚的低合金钢，不锈钢，镍、钛、铝等金属及其合金。小功率CO_2激光器还可焊接石英、陶瓷、玻璃和塑料等非金属材料。激光焊件质量高，有时超过电子束焊焊件的质量。激光焊机，特别是大功率激光焊机的成本高、效率很低，一般只达5%~10%，最佳为20%，穿透能力也不如电子束焊。但用激光束可在空气中或保护气体中焊接，比电子束焊方便。

（2）AL03激光头　AL03激光头如图4-47所示。AL03是一个柔性化的模块化激光加工系统，仅需要更换模块组，就可以更换为新任务需要的工具。

AL03激光头的工作原理如图4-48所示，其特点如下：

1）耦合（光纤耦合）。连接至光学耦合的玻纤电缆把激光束引导至加工光学系统。如果耦合光纤的光束发散角达不到要求，集成的遮光板可限制光束并保护光学系统。光束吸收的能量转换为热，必须通过水冷却系统散热。

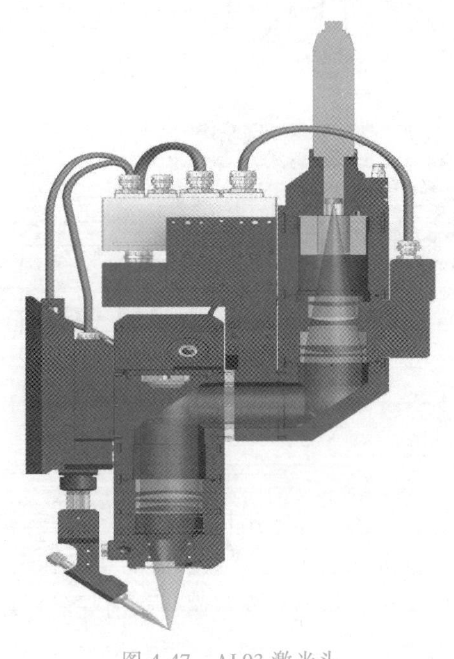

图4-47　AL03激光头

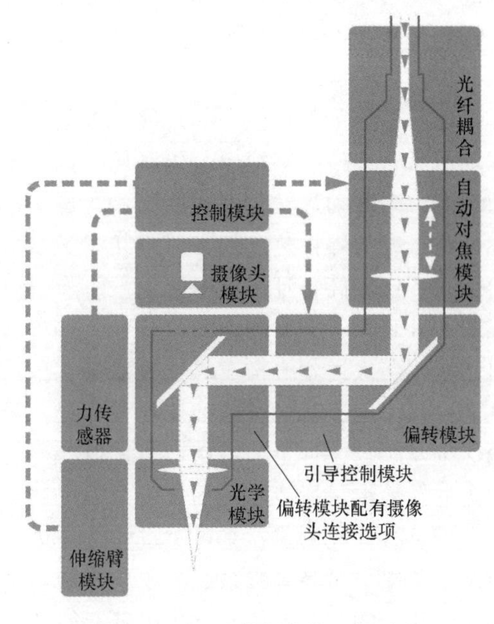

图4-48　AL03激光头的工作原理

2）瞄准（自动对焦模块）。瞄准的目的是获得平行的射线束。可根据加工过程的要求，安装自动对焦模块或光学模块。当伸缩臂（TA）感应到被加工材料的高度不规则或不同时，自动对焦模块会通过控制模块（STRG）收到控制信号，并根据伸缩臂的移动重新对焦。

3）偏转（偏转模块）。通过偏转模块中集成的反射镜可使瞄准的光束偏转 90°。

4）引导（控制模块）。电动机驱动的回转运动促动器通过控制模块接收来自力传感器（KS）的控制信号。连接的模块侧向向上旋转至某个角度。可调节回转运动功能，或通过焊缝的几何结构引导这一功能。

5）监视（摄像头模块）。摄像头的安装是可选的。它可以连接至配有摄像头连接选项的偏转模块。它可以保持被调整焊丝的位置，并监视 TCP 周围的区域。

6）偏转/监视（偏转模块配有摄像头连接选项）。在配有摄像头连接选项的偏转模块中，光束可以偏转 90°，可根据波长选择局部光束。

7）对焦（光学模块）。激光束根据加工任务的要求，聚焦于光学模块和工件。

8）引导/感应（伸缩臂模块，TA）。伸缩臂模块可容纳焊丝导向模块，并通过焊丝导向模块将填充焊丝的侧向运动传输至力传感器（KS），同时通过高度补偿（焊丝导向模块的直线偏移），固定焊丝导向模块的活动底座对加工头的位置。同时，伸缩臂中集成的传感器记录焊丝导向模块的高度，并把记录的数值传输至控制模块供其评估。

9）测量（力传感器，KS）。力传感器通过延伸的伸缩臂，记录施加在焊丝端部的侧向力，并把记录的数值传输至控制模块供其评估。

10）控制/调节（控制模块）。控制模块为连接的模块供电，并把这些模块结合在一个功能单元内。可用的功能取决于配置中使用的模块。

（3）送丝系统　激光钎焊主要靠熔化焊丝来填充焊缝实现焊接，焊缝质量的好坏与送丝系统密切相关。激光焊接送丝系统如图 4-49 所示，其输送系统的工作原理与常见的 MIG 焊、MAG 焊的送丝系统基本相似，都是靠电动机驱动压紧轮旋转、靠焊丝与压紧轮之间的摩擦力来推动焊丝，不同的是由于激光钎焊系统的焊接速度快，对焊接参数的敏感度比较高，且焊缝窄，一般都有很高的外观要求。为确保焊丝的稳定输出，采用两极送丝机构。焊丝盘安装在从送丝机一侧，从送丝机的主要作用是确保抽丝顺畅，尽量为主送丝机削减焊丝盘的转动惯量所产生的抽丝阻力。主送丝机安装在尽量靠近焊丝输出口的一侧，主送丝机上还安装有焊丝测速器，可对送丝速度进行实时监控，并通过控制柜设置所需的送丝速度。控制柜与整个激光焊接系统的工艺控制柜之间建有信号通路，能够实现每次焊接前焊丝尖点到激光靶心的适时补偿，避免焊缝起始处产生缺料缺陷。

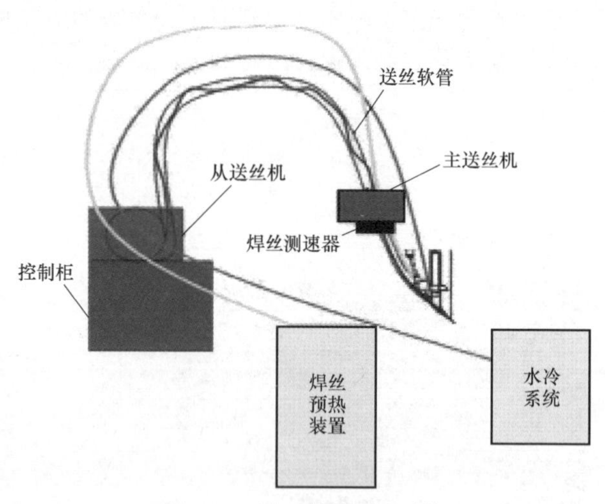

图 4-49　激光焊接送丝系统

为减少焊接缺陷，有的系统还集成焊丝预热装置。焊丝预热装置实际上是一套电加热装置，装置的两极分别连接到焊丝和夹紧工装上。焊接前，当焊丝与工件接触后形成电流回路，电阻热将焊丝和工件局部加热到一定温度，所需加热温度的高低可以通过调节输入电流的强弱来控制。加热后的工件表面会降低对激光的反射率，更好地吸收激光热量；加热后的工件更有利于液态焊丝的润湿和铺展，易于形成美观焊缝。

（4）机器人系统　激光钎焊机器人系统如图 4-50 所示。焊接机器人是激光焊接系统的执行单元，其任务是携带激光焊接头，按照预先编制好的焊接轨迹并调用相应的焊接参数来完成焊接。焊接前编制好的各项参数，如激光器的激光功率、激光镜头的焦点能量、送丝机的送丝速度和机器人的焊接速度等，经由工艺控制柜调配到各个焊接轨迹点，机器人通过空间运动，逐点执行这些轨迹点以完成焊接。合理的焊接轨迹对保证焊接质量至关重要。

3. 激光焊接应用

激光焊接已经在汽车零部件以及汽车车身生产中得到非常广泛的应用，这里着重介绍汽车生产制造中主要应用的熔化焊、小孔焊、激光钎焊以及激光复合焊接。

（1）熔化焊（热传导焊）　激光熔化焊如图 4-51 所示。在激光光斑上的功率密度不高（$<10^5 W/cm^2$）时，金属材料的表面在加热时不会超过其沸点。所吸收的激光能转变为热能后，通过热传导将工件熔化，其熔深轮廓近似为半球形。这种传热熔化焊过程类似于非熔化极电弧焊，但熔化焊的激光大部分被反射、吸收了，适用于薄小零件的焊接且焊接速度慢。

图 4-50　激光钎焊机器人系统

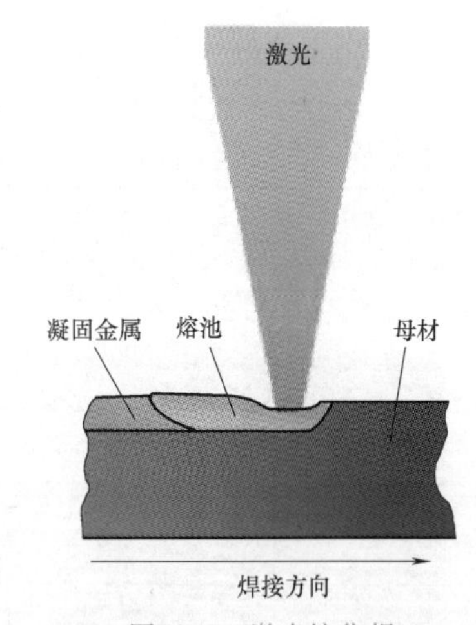

图 4-51　激光熔化焊

（2）小孔焊（深熔焊）　激光小孔焊原理如图 4-52 所示。当激光光斑上的功率密度足够大（$\geqslant 10^6 W/cm^2$）时，金属在激光的照射下被迅速加热，其表面温度在极短的时间内升高到沸点，金属发生气化。金属蒸气以一定的速度离开熔池表面，产生 1 个附加压力反作用于熔化的金属，使其向下凹陷，在激光光斑下产生 1 个小凹坑。随着加热过程的进行，激光可直接射入坑底形成一个细长的“小孔”，激光小孔焊照片如图 4-53 所示。当金属蒸气的反冲压力与液态金属的表面张力和重力平衡后，小孔不再继续深入。当光斑功率密度很大时，所产生的小孔将贯穿整个板厚，形成深穿透焊缝（或焊点）。激光小孔焊熔深大，深宽比也大。在机械制造领域，除了那些微薄零件，一般零件的焊接应选用小孔焊。

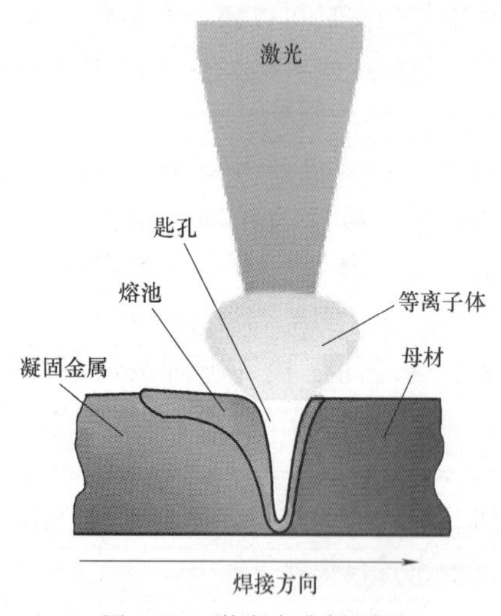

图 4-52 激光小孔焊原理

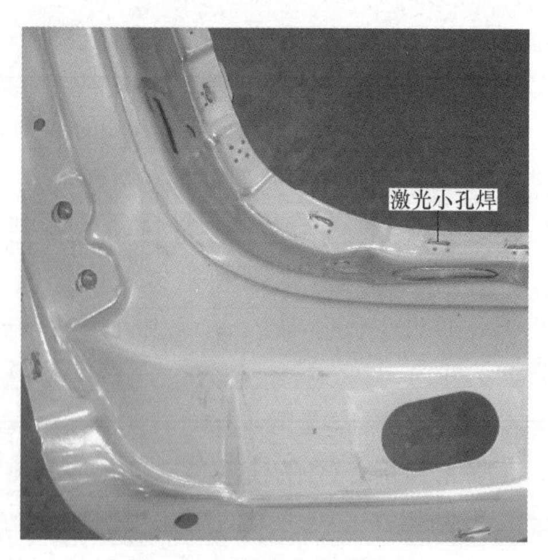

图 4-53 激光小孔焊照片

（3）激光钎焊 激光钎焊原理如图 4-54 所示。激光钎焊是利用熔点比母材低的填充金属（称为钎料），在低于母材熔点、高于钎料熔点的温度下，利用液态钎料在母材表面润湿、铺展和在母材间隙中填缝，与母材相互熔解与扩散，而实现零件间连接的焊接方法。激光钎焊的焊接效果如图 4-55 所示。

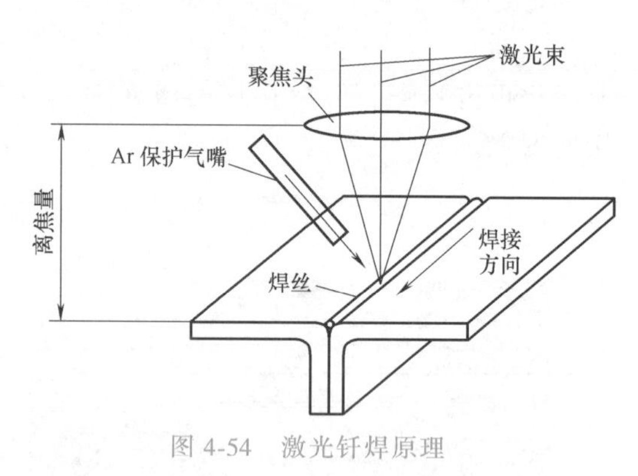

图 4-54 激光钎焊原理

钎焊特点如下：

1）钎焊加热温度较低，接头光滑平整，组织和力学性能变化小，变形小，工件尺寸精确。

图 4-55 激光钎焊的焊接效果

2）可焊异种金属，也可焊其他异种材料，且对工件厚度差无严格限制。

3）有些钎焊方法可同时焊多焊件、多接头，生产率高。

（4）激光-电弧复合焊 激光-电弧复合焊集合了激光焊大熔深、高速度和小变形的优点，又具有间隙敏感性低、焊接适应性好的特点，是一种优质高效的焊接方法。它可降低工件装配要求，间隙适应性好；有利于减小气孔倾向；可以实现在较低激光功率下获得更大的熔深和焊接速度，有利于降低成本；电弧对等离子体有稀释作用，可减小对激光的屏蔽效应，同时激光对电弧有引导和聚焦作用，使焊接过程稳定性提高；利用弧焊的填丝可改善焊缝成分和性能，对焊接特种材料或异种材料有重要意义。

激光-电弧复合焊的方法有旁轴复合焊和同轴复合焊两种，如图4-56所示。旁轴激光-电弧复合焊结构较简单，最大缺点是热源为非对称性的，焊接质量受焊接方向影响很大，难以用于曲线或三维焊接。与此相反，激光束和电极同轴的焊接则可以形成一种同轴对称的复合热源，极大地提高了焊接过程的稳定性，并可方便地实现二维和三维焊接。

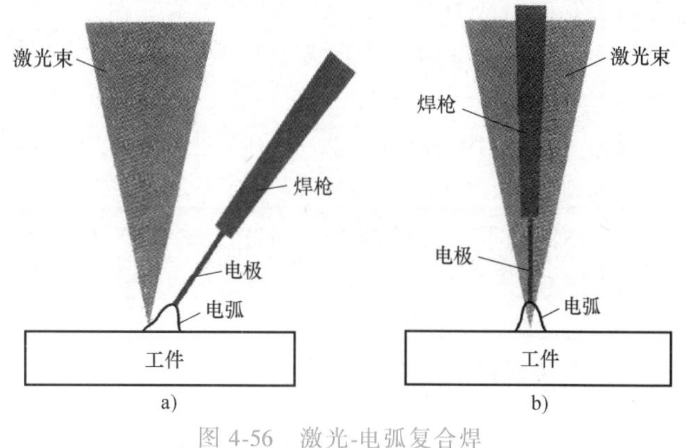

图 4-56 激光-电弧复合焊

a）旁轴复合焊 b）同轴复合焊

激光-MIG复合焊如图4-57所示，由于填充焊丝和电弧加热范围较宽，显著增加了对间隙的桥接性。由于综合了两种焊接的特点，激光-电弧复合焊获得的焊缝顶部宽、深度大，且激光产生的等离子体减小了电弧引燃和维持的阻力，使电弧更稳定。激光-电弧复合焊增强了焊接适应性，提高了焊接效率。激光-电弧复合焊对焊接效率的提高十分显著，这主要基于两种效应：一是较高的能量密度导致较高的焊接速度；二是两热源相互作用的叠加效应。激光-电弧复合焊效果如图4-58所示。

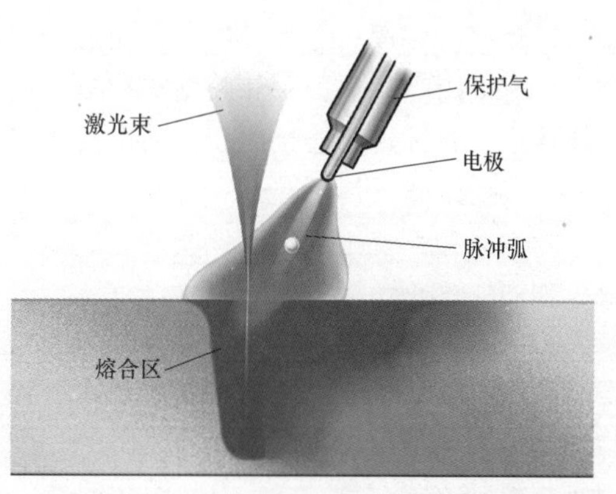

图 4-57 激光-MIG复合焊示意图

图 4-58 激光-电弧复合焊效果图

(5) 远程激光焊接技术　通快公司的 TruDisk 激光系列产品具有很高的应用价值，可以实现遥控焊接，如图 4-59 所示。

通快公司还开发了不同的二维和三维扫描焊头，应用于“可编程聚焦光学（PFO）系统”的 TruDisk 激光系列产品之中。迄今为止，它一直是唯一由机器人导向控制的解决方案，已通过德国汽车工业最严格的质量合格试验，并已用于汽车及零部件的大批量生产。

汽车车门采用 TruDisk 激光焊机进行远程焊接，使汽车的刚性得以提高，从而提高了汽车的安全性，并使每一扇车门的质量减小了 1kg，生产成本降低了 15%。

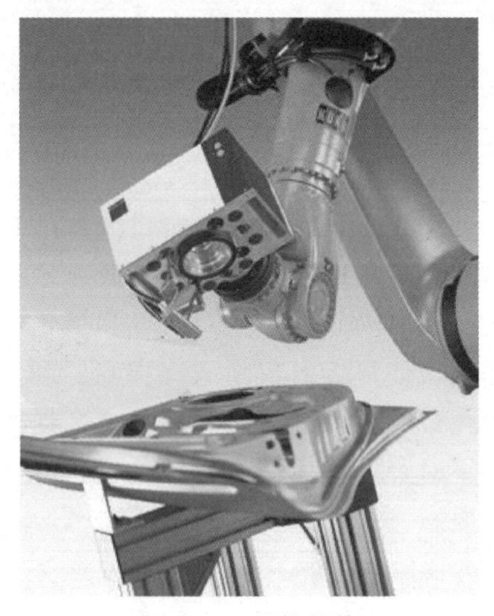

图 4-59　遥控焊接

4.8　自冲铆接机器人系统

自冲铆接的研究始于 20 世纪 80 年代，并于 20 世纪 90 年代应用到汽车车身的连接。实现汽车轻量化的关键是在车身的制造中大量使用轻金属和非金属，而连接这些材料的最佳方法是采用铆接技术。传统铆接工艺要求对铆接材料进行预冲孔，然后用铆钉进行连接，这样的铆接工艺复杂、外观差、效率低且不易实现自动化。自冲铆接工艺克服了传统铆接的弊端，冲铆一次完成，提高了效率，而且能够提高铆接强度。自冲铆接可以在对难焊材料的连接中代替电阻点焊，如果和胶粘连接复合使用，连接接头的强度可以进一步提高。在对铝板的连接中，自冲铆接连接的疲劳强度高于点焊。

1. 系统组成

自冲铆接系统由动力和控制系统、机器人系统、铆接系统、送料系统和过程监控系统组成，如图 4-60 所示。

(1) 动力和控制系统　动力和控制系统主要是为铆接系统提供能源并对相关数据进行控制的系统。在机器人自冲铆接系统中采用的控制方式是自动控制，而驱动方式现在使用较广的是电动伺服驱动方式，也有部分采用液压驱动方式，少数对铆接力要求较低的铆接机采用机械传动方式。

(2) 机器人系统　机器人系统的布置方式一般采用机器人携带方式，如图 4-61 所示。采用这种方式的优点是增加了铆接工艺的稳定性，提高了生产率，达到了柔性生产。在机器人设备选型时，还要充分考虑机器人的定位精度、负载能力以及空间大小等参数数据。

(3) 铆接系统　铆接机一般采用 C 形或 E 形框架。根据实际生产时铆接力和铆接深度的不同要求，铆接框架分为不同型号。对于设计的铆接框架，在生产前需要进行有限元分析，保证铆接框架的强度和刚度满足生产要求。

(4) 送料系统　铆钉供钉方式（不适应于无铆钉冲铆系统）一般分为带式供钉和吹送供钉两种。带式供钉可分为机械带式供钉和棘轮带式供钉，其共同工作原理是通过装有铆钉的传送带运动实现铆钉的自动送料。吹送供钉方式是将铆钉散装于一个铆钉箱内，通过压缩

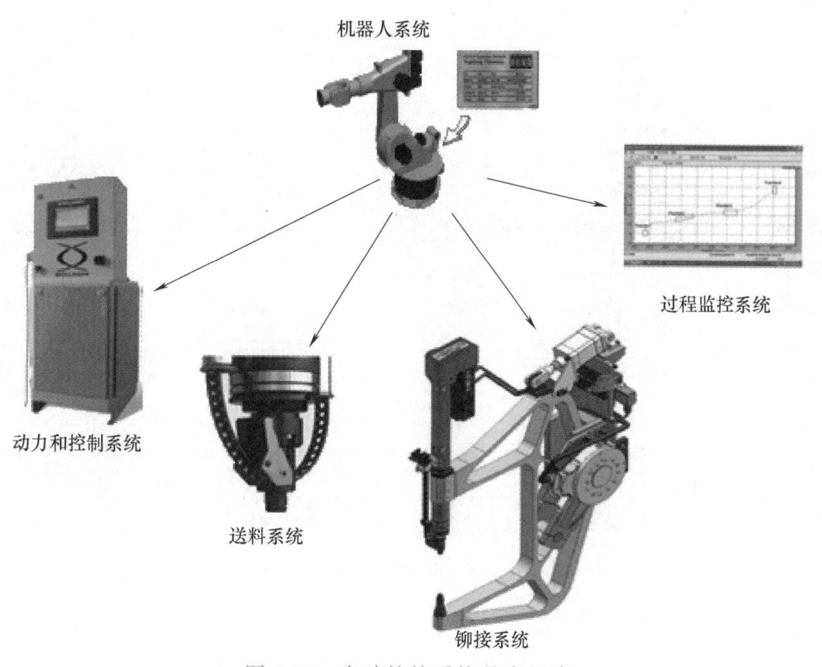

图 4-60　自冲铆接系统基本组成

空气将铆钉顺序地按照工作方向从一根特制管道吹送至铆头。

(5) 过程监控系统　过程监控系统采用非破坏力过程监测，主要有两种方式：第一种是通过监测铆接过程中力-位移曲线的变化趋势，判断铆接接头质量的好坏；第二种是铆接完成后，通过超声波检测的方法观察铆钉腿部是否正常扩张，以判断铆接接头质量的好坏。目前，各大铆接设备制造厂商的铆接质量检测系统普遍采用第一种监测方式。在生产工程中应用比较多的有 Henrob 公司的 Henrob RivMon 质量监测系统，Bollhoff 公司的 RIVSET 系统。

图 4-61　机器人携带式铆接

2. 自冲铆接应用

自冲铆接工艺系统一般包括凹模、压边圈和冲头，其工艺示意图如图 4-62 所示。冲头要和凹模对应好，首先压边圈向下运动，对铆接材料预压紧，而后铆钉在冲头的推动下压入板材，在凹模和冲头的共同作用下其尾部张开成喇叭口形状，与板料机械互锁，达到连接目的。

目前，自冲铆接工艺可分为 3 类：无铆钉自冲铆接工艺、实心铆钉自冲铆接工艺和半空心铆钉自冲铆接工艺。3 种自冲铆接工艺的主要差别在于铆钉以及凹模的形状。

(1) 无铆钉自冲铆接工艺　无铆钉自冲铆接是一种物理连接、点式连接，其核心是通过冷挤压在板料上产生合适的圆点，使板料在圆点处像铆接一样连接在一起。

无铆钉自冲铆接工艺过程如图 4-63 所示，可分为初期压入、初期成形、塑形成形、保

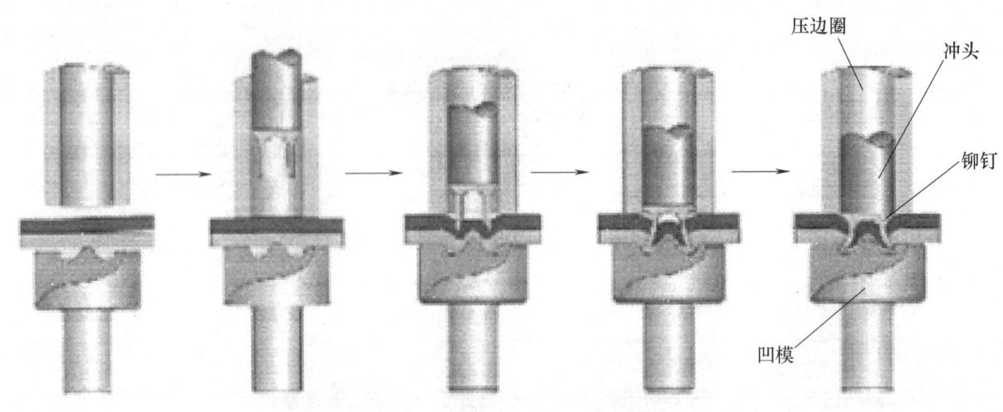

图 4-62　自冲铆接工艺示意图

压、反压 5 个阶段。无铆钉压铆枪如图 4-64 所示，汽车发动机罩内板无铆钉压铆效果如图 4-65 所示。

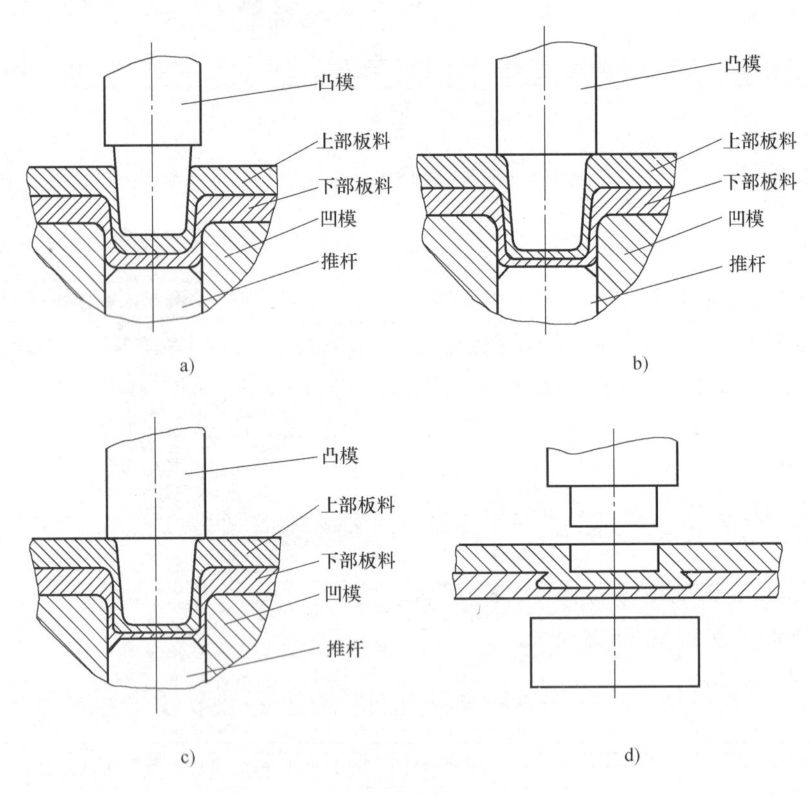

图 4-63　无铆钉自冲铆接工艺过程
a）初期压入阶段　b）初期成形阶段　c）塑形成形阶段　d）反压阶段

1）初期压入阶段。如图 4-63a 所示，在凸模的挤压力作用下，上、下板料主要以弹性变形为主，并伴有少量塑性变形。

2）初期成形阶段。如图 4-63b 所示，从开始到结束，随着凸模的下行，上、下板料受到推杆、凹模和凸模的约束，在弹、塑性变形的共同作用下，形成上部轮廓。

3）塑性成形阶段。如图4-63c所示，由于圆点在初期成形阶段形成了上部轮廓，阻止了材料向上流动，使其只能沿最小阻力的方向向环形凹槽和凹模侧面流动。材料首先在挤压力的作用下向环形凹槽处流动，填充环形凹槽。随着环形凹槽的逐步充满，流向环形凹槽的阻力逐步增大。当上部板料中的材料流向凹模侧面的阻力相对于环形凹槽较小时，上部板料中的材料开始同时挤向下部板料的侧面，直到凸模到达死点，圆点完全成形，形成类似于铆接的圆点，从而达到铆接的目的。

4）保压阶段。模具继续保持一定时间的压力，能够达到材料充分填充、嵌套和完全定型的目的，并起到防止圆点回弹的作用。保压阶段控制的好坏直接影响产品合格率。

5）反压阶段。如图4-63d所示，压铆连接通常用于产品外表面的壳体连接，不希望连接圆点有凸起，因此需要将圆点反冲压1次，将凸起压回去。反压时，凹模用平砧座，凸模采用圆柱冲头。

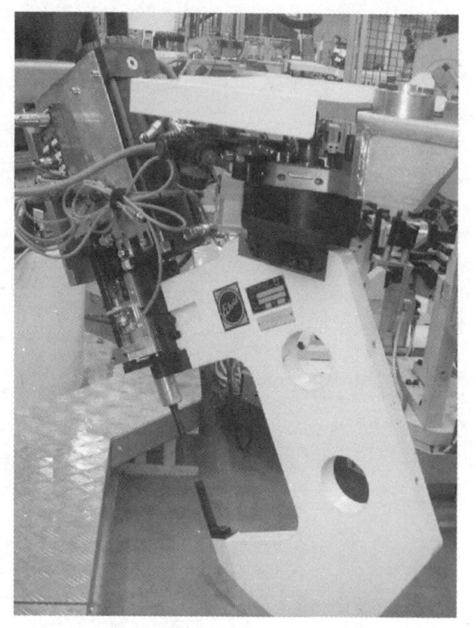

图4-64　无铆钉压铆枪

图4-65　汽车发动机罩内板无铆钉压铆效果

（2）实心铆钉自冲铆接工艺　该工艺有腰鼓形实心铆钉自冲铆接工艺和圆柱形实心铆钉自冲铆接工艺两种，如图4-66所示。腰鼓形实心铆钉自冲铆接工艺如图4-66a所示，冲头推动实心铆钉一起向下运动，铆钉下部的刃口将铆接材料冲掉并从凹模内落下，铆钉到达凹模后停止运动；随着冲头的继续下行，冲头下端面的凸台对被铆接材料加压，迫使其发生塑性变形而向内做径向流动，使其紧紧包住腰鼓形铆钉，从而形成稳定的锁止状态。这种铆接工艺只能用于塑性金属与金属间的连接。

圆柱形实心铆钉自冲铆接工艺如图4-66b所示，铆钉上有一个环形凹槽。当冲头下行至下死点后挤压铆接材料，下层的被铆接材料受挤压产生径向流动将凹槽的凹压边圈槽充满，而铆钉的上端面则产生“镦头”，将两层材料铆接在一起。

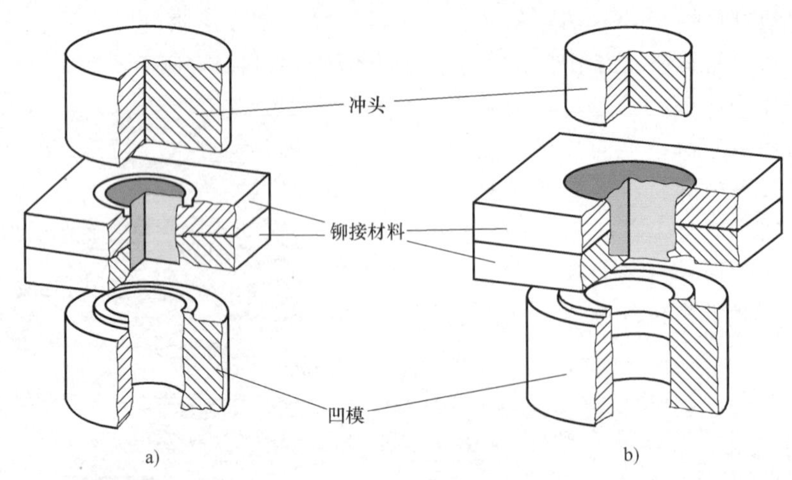

图 4-66 实心铆钉自冲铆接工艺

a）腰鼓形实心铆钉自冲铆接工艺 b）圆柱形实心铆钉自冲、铆接工艺

（3）半空心铆钉自冲铆接工艺 半空心铆钉自冲铆接工艺如图 4-67 所示。压边圈首先向下运动对铆接材料进行预压紧，防止铆接材料在铆钉的作用力下向凹模内流动，而后冲头向下运动推动铆钉刺穿上层材料。在凹模与冲头的共同作用下，铆钉尾部在下层金属中张开形成喇叭口形状，以便锁止铆接材料，达到连接目的。半空心铆钉自冲铆接工艺铆接相同金属材料时，较厚的放在下层；铆接两层不同金属材料时，将塑性好的材料放在下层；铆接金属与非金属材料时，将金属材料放在下层。半空心铆钉自冲铆接效果如图 4-68 所示。

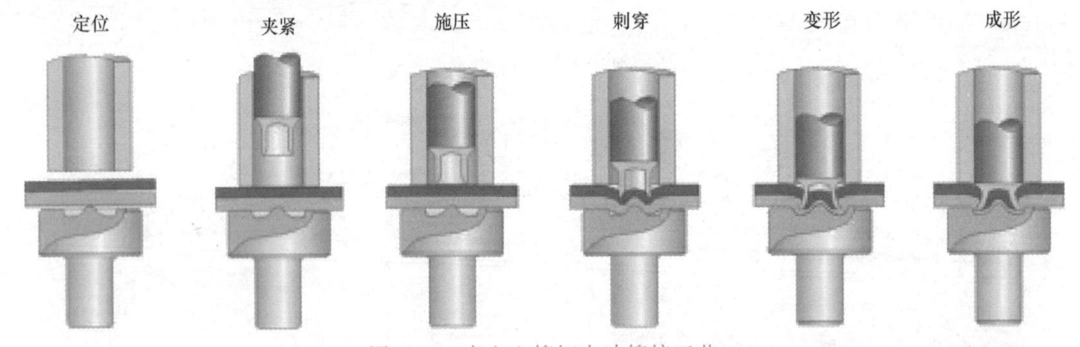

图 4-67 半空心铆钉自冲铆接工艺

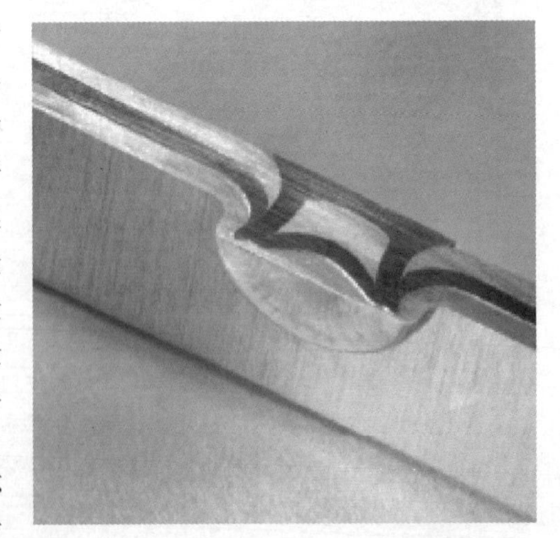

图 4-68 半空心铆钉自冲铆接效果

在汽车车身制造中，考虑到具体的生产环境、自冲铆接工艺的特点、连接强度以及所应用材料的力学性能等要求，而且实心铆钉铆接工艺有很多自身的局限性，所以在汽车轻量化生产中主要应用半空心铆钉自冲铆接工艺。

项目5

工业机器人在汽车生产线上的典型应用

工业机器人被广泛应用于汽车制造行业，汽车生产制造的四大工艺（冲压、焊装、喷漆、总装）都大量地应用了工业机器人。

5.1 冲压

车身零件冲压生产的机械化和自动化程度是衡量汽车制造技术水平的重要标志之一。

冲压车间的典型生产线一般分为开卷线和冲压线，如图 5-1 所示。开卷线包括输送带钢的传送带、将成卷带钢轧平成平整钢带的平整压力机、将钢板轧制成所需规格尺寸的剪裁压力机。冲压线一般包括多台成形压力机，完成落料、冲孔、切断、切边和切口等多个工序，使金属板精确成形，以便车身制造车间进一步加工。

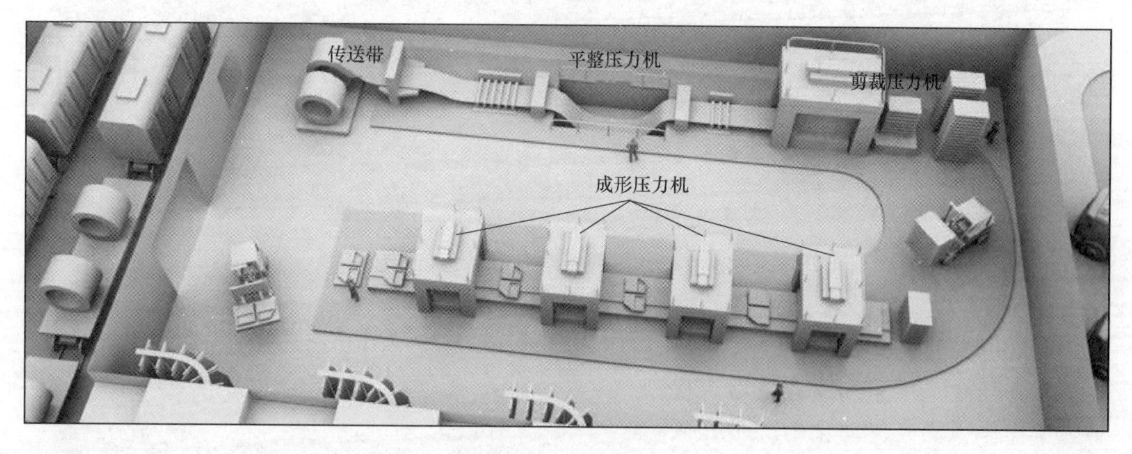

图 5-1　自动化冲压线

机器人冲压生产线一般如图 5-2 所示，主要由压力机、机器人、总线控制台、拆码垛工作台、对中台及磁性传动带送料机、清洗机、线尾传动带机及计数器等组成。工业机器人在自动化冲压线中的主要用途是搬运，解决了人工上料带来的设备及人身安全隐患和成形质量较差等问题。一般情况下，为了提高生产节拍，各机器人公司都会生产专用的冲压搬运机器人。图 5-3 所示为 KUKA 公司的专用 KR 180 PA 机器人，主要应用于汽车制造厂冲压车间。

图 5-2　机器人冲压生产线

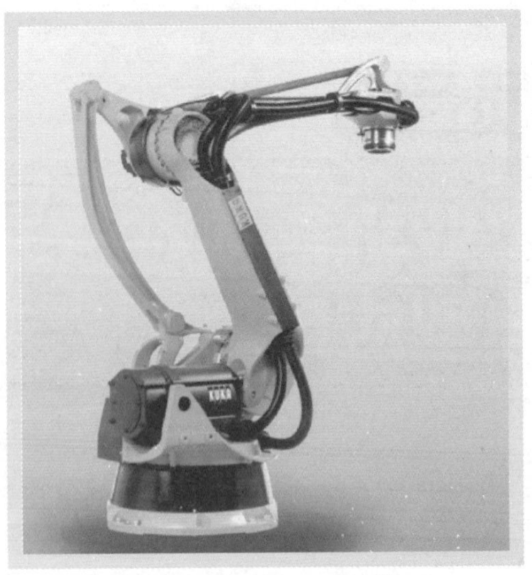

图 5-3　KR 180 PA 机器人

机器人在冲压车间用途广泛，如图 5-4 所示的专用机器人上、下料系统，如图 5-5 所示

图 5-4　专用机器人上、下料系统

图 5-5　普通机器人上料系统

的普通机器人上料系统，以及如图 5-6 所示的搬运机器人下料系统。

在冲压生产中采用工业机器人代替人工操作，构成自动化生产单元或组成全自动生产线，是进行高速、高效、高质量冲压生产的一种有效方法，也是现代冲压生产技术的重要发展方向。工业机器人在冲压生产线中发挥着重要的作用。

自动化冲压线如图 5-7 所示，其技术含量高，性能卓越，能够满足高质量、大批量生产的需求，是提高冲

图 5-6　搬运机器人下料系统

压生产技术水平的基本条件，也是提高劳动生产率、改善劳动条件的前提，它具备以下特点：

1）全自动。自动化冲压线的运行方式是全自动的，操作者只需要将板料放在料垛小车上，设备就可以根据设定好的程序自动生产出零件，全程由各个系统微机和中控微机控制，不需要人员参与生产。

2）封闭式。自动化冲压线采用全封闭设计，可以有效防止灰尘等杂物进入设备，保证设备和模具精度以及制件的清洁；同时全封闭的设计也避免了人员的进入，对保证人员安全起到重要作用。

3）人员少。自动化冲压线生产的都是大型冲压件，如果手工操作至少需要 26 人，而操作设备进行生产只需要 10 人，人员数量只有手工操作方式的 38%，在减少操作人员的同时，大大降低了工人的劳动强度。

4）效率高。传统的手工生产线生产频率为 6 次/min，自动化冲压线的最高冲程次数可以达到 13 次/min，目前实际生产频率平均可达到 12 次/min，是手工操作方式的 2 倍。

图 5-7　自动化冲压线

5.2　焊装

汽车工业对产品制造批量化、高效率和对产品质量一致性的需求，使焊接机器人生产方式在汽车生产制造过程中获得了广泛应用。从汽车工业的焊接发展趋势看，焊接生产线将向自动化和柔性化生产系统发展。

汽车焊装线如图 5-8 所示。焊装线是将各车身冲压件装配、焊接成白车身的机器人系统集成生产线，结构上分为地板线和主焊线。地板线主要将前底板总成、后底板总成、发动机舱总成焊接拼合成车身下部地板，主焊线将地板线、车身左右侧围、前后顶横梁、顶盖组合成一个完整的白车身。车身拼接完成后，通过在线测量工位完成关键点精度检测，并与车型数模进行比较后得出外形尺寸误差，检查质量，然后车身下线送至调整线进行外观检查，车门、发动机罩盖、行李舱盖及其他工件的安装，至此完成汽车焊装过程。

图 5-8 汽车焊装线

汽车焊装生产线由焊装夹具、上件系统、焊接设备、检测设备、输送系统、机器人、机器人控制系统及电气辅助设备等组成。

汽车工业生产中采用工业机器人技术，不仅可以节约人力、降低成本、提高设备利用率、提高产品的质量与产量，更重要的是它可以保障工人安全，改善工作条件、减轻劳动强度、减少人员风险、提高工作效率。焊接机器人是在工业机器人基础上发展起来的本体独立、动作自由度多、程序变更灵活、自动化程度高、柔性程度极高的先进焊接设备，是从事焊接的工业机器人，具有多功能、重复精度高、焊接质量高、抓取质量大、运动速度快、动作稳定可靠等特点。

从汽车工业的焊接发展趋势看，焊接生产线将向自动化和柔性化生产系统发展。从整体与部分功能之间的关系看，生产线的整体柔性程度由各组成部分的柔性程度决定，其中焊接设备的柔性是决定焊装生产线柔性程度的关键。因焊接机器人对产品要求具有高度的适应性和诸多优点，焊接机器人生产方式成为焊接设备柔性化的最佳选择。是否采用焊接机器人是焊装生产线柔性程度的重要标志之一。

图 5-9 机器人点焊应用

工业机器人在汽车车身焊装生产线中的应用主要有：点焊、弧焊、螺柱焊接、涂胶、搬运、检测等。

在焊装车间，机器人点焊应用如图 5-9 所示，机器人搬运应用如图 5-10 所示，机器人检测应用如图 5-11 所示，机器人螺柱焊接应用如图 5-12 所示。

图 5-10　机器人搬运应用

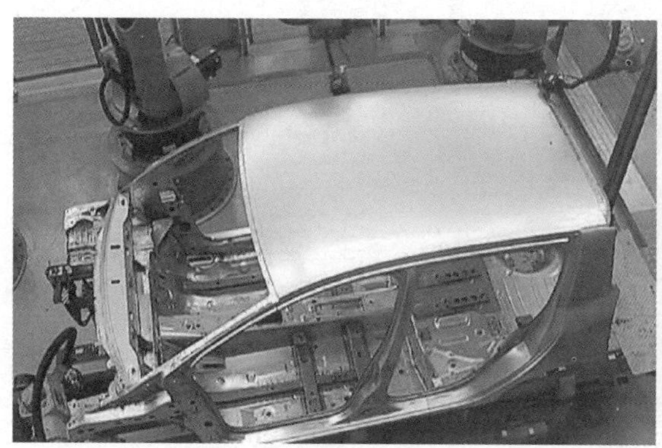

图 5-11　机器人检测应用

图 5-12　机器人螺柱焊接应用

5.3 涂装

涂装是汽车制造过程中一项非常重要的工序，它能有效防止工件受外界环境侵蚀，提高工件的使用寿命、美化工件外观。喷漆机器人如图 5-13 所示，是一种典型的涂装自动化装备。使用机器人进行涂装作业，工件涂层均匀、重复精度好、工作效率高，能使工人从恶劣的工作环境中解放出来。

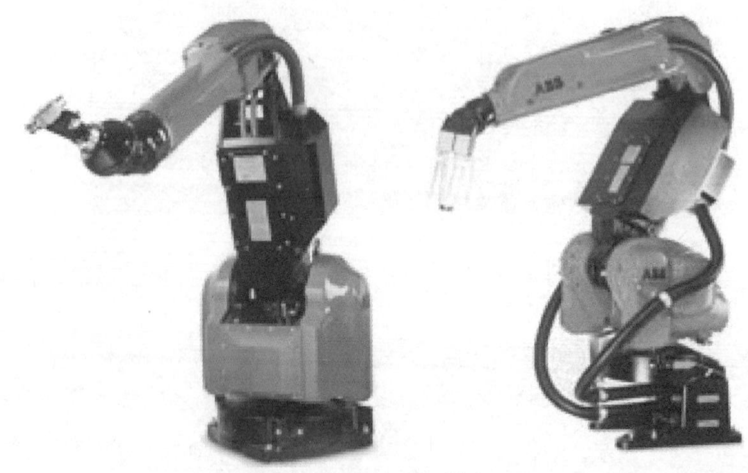

图 5-13 喷漆机器人

汽车涂装生产线一般由前处理设备、电泳设备、烘干设备、水性底色漆闪干室、车底涂装设备、车身涂装设备、输送系统、机器人、机器人控制系统及电气辅助设备等组成，如图 5-14 所示。

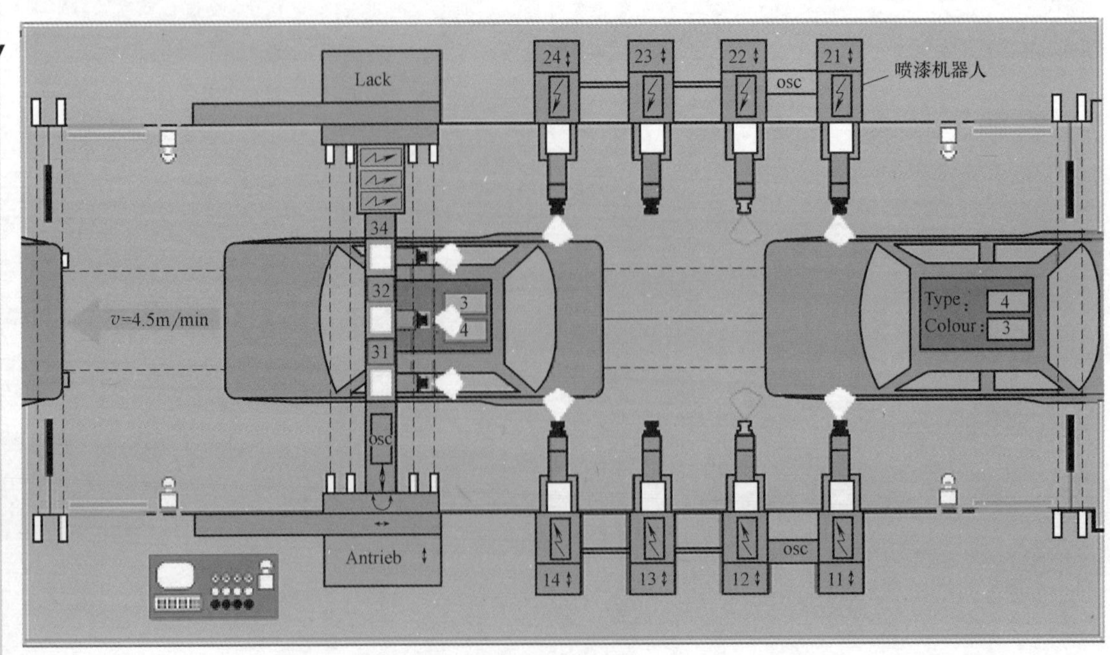

图 5-14 涂装生产线

喷漆机器人（Spray Painting Robot）是可进行自动喷漆或喷涂其他涂料的工业机器人，主要由机器人本体、计算机和相应的控制系统组成。液压驱动的喷漆机器人还包括液压油源，如油泵、油箱和电动机等。多采用5个或6个自由度关节式结构，手臂有较大的运动空间，并可做复杂的轨迹运动，其腕部一般有2~3个自由度，可灵活运动。较先进的喷漆机器人腕部采用柔性手腕，既可向各个方向弯曲，又可转动，其动作类似人的手腕，能方便地通过较小的孔伸入工件内部，喷涂其内表面。喷漆机器人以前采用液压驱动，具有动作速度快、防爆性能好等特点；现在一般采用电动机机械驱动各轴。喷漆机器人各机械部件和电器元件都是在密封的空间里，空间内充满高压空气，以达到防爆、防尘的目的。它们都可以通过手把手示教来实现程序编辑。喷漆机器人广泛用于汽车、仪表、电器、搪瓷等工艺生产部门。

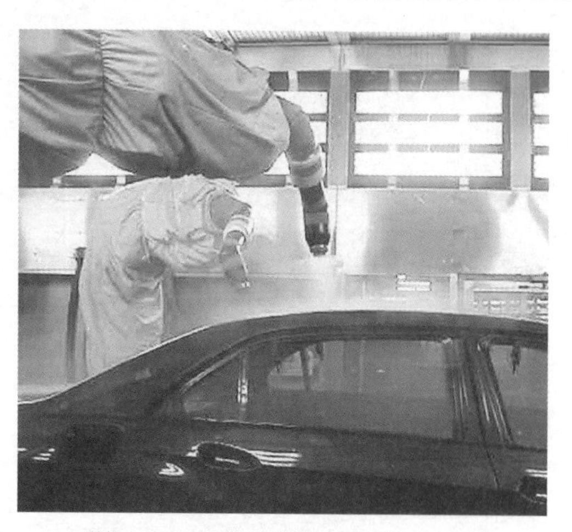

图5-15　机器人喷涂（顶喷）应用

喷漆机器人的主要优点：①柔性大，工作范围大；②喷涂质量和材料使用率高；③易于操作和维护，可离线编程，大大地缩短现场调试时间；④设备利用率高，喷漆机器人的利用率可达90%~95%。

在涂装车间，机器人的涂装应用有：顶喷（图5-15）、侧喷（图5-16）和行李舱盖喷涂（图5-17）。

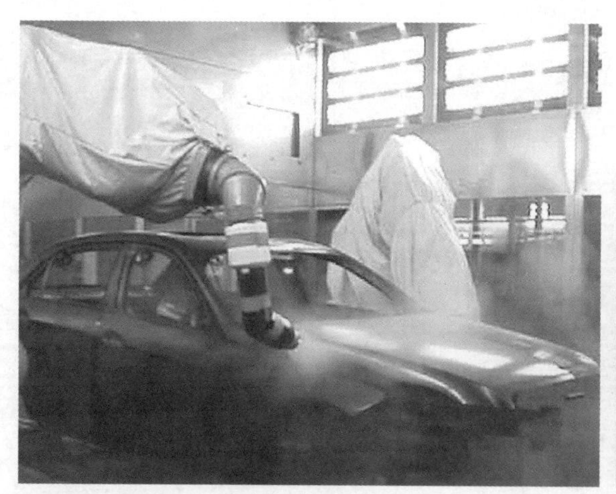

图5-16　机器人喷涂（侧喷）应用

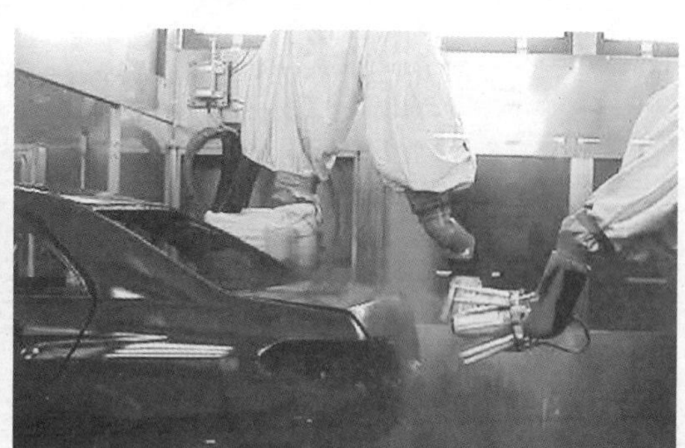

图5-17　机器人喷涂（行李舱盖喷涂）应用

5.4　总装

汽车总装线是汽车全部制造过程的最后一环。现代汽车要求以最高的动力性、经济性、舒适性和安全性来完成在各种复杂环境中的载运任务，为此，除了设计先进、制造精良以外，提高装配过程的工艺水平以确保设计要求，也是一个重要的环节。

汽车总装线是汽车装配的重要组成部分，也是提高劳动生产率、降低成本、提高整车各种性能指标的关键。目前总装线的形式各种各样，不同的车型，总装线形式不同，即使是同种车型，总装线也不尽相同。汽车总装线包括两种输送机械（地面板式输送机械、空中悬挂输送机械）、机器人系统、电气控制系统以及其他辅助设备等。

机器人在总装线的主要应用为机器人发动机装配、风窗玻璃涂胶、座椅安装等。机器人发动机装配如图 5-18 所示，机器人座椅装配如图 5-19 所示。

图 5-18 机器人发动机装配

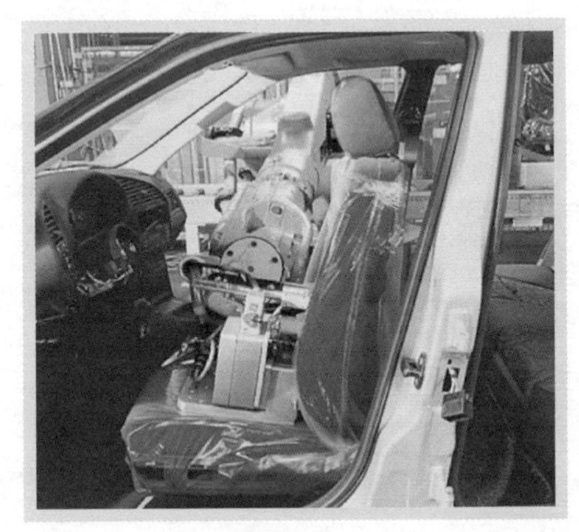

图 5-19 机器人座椅装配

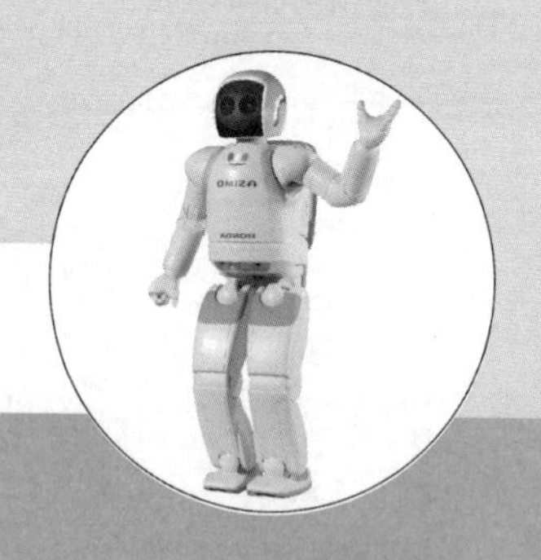

项目6 工业机器人的系统安全

工业机器人作为自动化生产中最主要的机电一体化设备，如果操作不当或维护不当，会造成企业财产损失及人员伤亡，因此，技术人员必须严格遵照机器人安全操作流程进行作业，将风险降到最低。

6.1 安全规程

工业机器人的运动部件，特别是手臂和手腕部分具有较高的能量，且以较快的速度掠过比机器人机座大得多的空间，并随着生产环境和条件以及工作任务的改变，其手臂和手腕的运动也随之改变。若遇到意外起动，则对操作者、编程示教人员及维修人员均存在着潜在的伤害。因此，在操作、维护过程中必须熟知安全知识，遵守相应的安全操作规范。

1. 安全防护空间

安全防护空间是由机器人外围的安全防护装置（如栅栏等）所组成的空间，如图 6-1 所示。确定安全防护空间的大小需通过风险评价来确定超出机器人限定空间而需要增加的空间。当机器人在作业过程中，所有人员身体的各部分应不能接触到机器人运动部件和末端操作器或工件的运动范围。

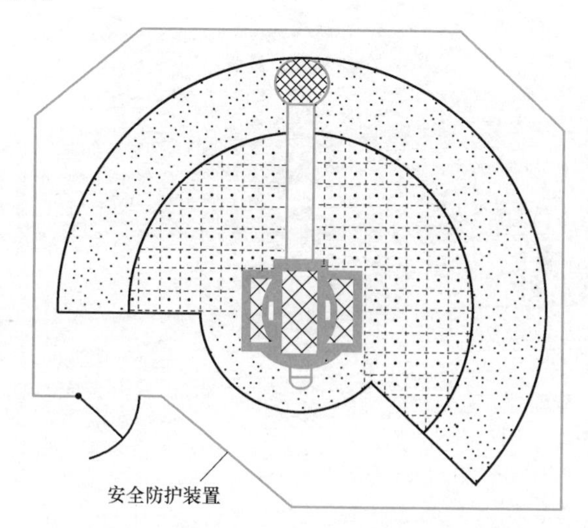

图 6-1　工业机器人限定空间和安全防护空间

2. 安全防护装置

安全防护装置是安全装置和防护装置的统称。安全装置是消除或减小风险的单一装置或与防护装置联用的装置（而不是防护装置），如联锁装置、使能装置、握持-运行装置、双手操纵装置、自动停机装置、限位装置等。防护装置是通过物体障碍方式专门用于提供防护的机器部分。根据其结构，防护装置可以是壳、罩、屏、门、封闭式防护装置等。防护装置有固定式防护装置、活动式防护装置、可调式防护装置、联锁防护装置、带防护锁的联锁防护装置及可控防护装置等。

3. 警示方式

在机器人系统中，为了使人们注意到潜在危险的存在，应采取警示措施。警示措施包括栅栏或信号器件。它们被用于识别上述安全防护装置没有阻止的残留风险，但警示措施不应是安全防护装置的替代品。

4. 安全生产规程

考虑到机器人系统寿命中的某些阶段（如调试阶段、生产过程转换阶段、清理阶段、维护阶段），设计出完全适用的安全防护装置去防止各种危险发生是不可能的，且那些安全防护装置也可以被暂停。在这种状态下，应该采用相应的安全生产规程。

工业机器人系统除了装备隔离性防护装置（如防护栅、门）等相应的安全设备外，还布置了紧急停止按键、失电制动装置、轴范围限制装置等安全装置，以进一步确保操作人员的安全。

机器人培训站安全装置布置图如图 6-2 所示。

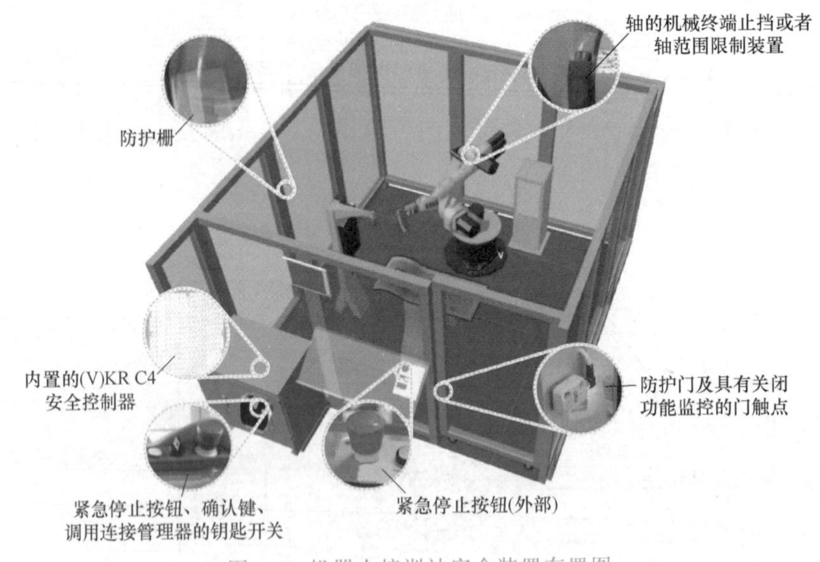

图 6-2 机器人培训站安全装置布置图

6.2 操作规程

1. 安全规则及安全管理

1）为操作者提供充分的安全教育和操作指导。

2）确保为操作者提供充足的操作时间和正确的指导，以便其能熟练操作。

3）指导操作者穿戴指定的防护用具。

4）注意操作者的健康状况，不要对操作者提出无理要求。

5）要求操作者在设备自动运转时不要进入安全护栏内。

6）建立规章制度，禁止无关人员进入机器人安装场所，并确保制度的实施。

7）操作者要保持机器人本体、控制柜、夹具及周围场所的整洁，防止因意外绊倒等引发安全事故。

8）指定专人保管控制柜钥匙和门互锁装置的安全插销。

2. 工作场所的安全预防措施

应保持作业区域及设备的整洁具体要求如下：

1）地面上不能有油、水、工具、工件等，以免绊倒操作者而引发严重事故。

2）工具用完后，必须放回到机器人动作范围外的原位置保存。

3）夹具上的工具用完后应取下，以免和机器人发生碰撞，造成夹具或机器人的损坏。

4）操作结束后，要打扫机器人和夹具。

3. 示教过程中的安全预防措施

1）编程人员应目视检查机器人系统及安全区，确认无引发危险的外在因素存在。检查示教盒，确认能正常操作；开始编程前，要排除任何错误和故障；检查示教模式下的运动速度；在示教模式下，机器人控制点的最大运动速度限制在15m/min（25mm/s）以内；当用户进入示教模式后，确认机器人的运动速度是否被正确限定；正确使用安全开关。

2）在紧急情况下，放开安全开关或用力按下急停开关可使机器人紧急停止；开始操作前，请检查确认安全开关是否起作用；确认在操作过程中以正确方式握住示教盒，以便随时采取措施；正确使用紧急停止开关（紧急停止开关）位于示教盒的右上角；开始操作前，确认紧急停止开关起作用；检查确认所有的外部紧急停止开关都能正常工作；如果用户离开示教盒进行其他操作，按下示教盒上的紧急停止开关，以确保安全。

4. 操作过程中的安全预防措施

操作人员必须遵守的基本操作规程如下：了解基本的安全规则和警告标示，如易燃高压及危险等，并认真遵守；禁止靠在控制柜上或无意按下任何开关；禁止向机器人本体施加任何不当的外力；注意在机器人本体周围的举止，不允许有危险行为或玩闹；注意保持身体健康，以便随时对危险情况做出快速反应。

5. 维护和检查过程中的安全预防措施

1）只有接受过特殊安全教育的专业人员，才能进行机器人的维护、检查作业。

2）只有接受过机器人安全培训的技术人员，才能拆装机器人本体或控制柜。

6. 操作者日常操作应注意的事项

1）打开机器人总开关后，必须先检查机器人在不在零点位置。如果不在，应手动跟踪机器人返回零点。严禁打开机器人总开关后，在机器人不在零点时按起动按钮起动机器人。

2）打开机器人总开关后，检查外部控制盒外部急停按钮有没有按下去。如果按下去了，就先让其弹起来，然后打开示教盒上的伺服灯，再去按起动按钮起动机器人。严禁打开机器人总开关后，外部急停按钮按下去生效时，按起动按钮起动机器人。当外部急停按钮按下去生效的情况下，按了起动按钮起动机器人时，应马上选择手动模式把打开的程序关闭，再选择自动模式，打开伺服灯，按复位按钮让机器人继续工作。

3）在机器人运行中，需要机器人停下来时，可以按外部急停按钮、暂停按钮、示教盒上的急停按钮。如果需继续工作，可以按复位按钮让机器人继续工作。

4）在机器人运行中暂停下来修改程序时，应选择手动模式后进行修改程序。改完程序后，一定要注意程序上的光标必须和机器人现有的位置一致，然后选择自动模式，打开伺服灯，按复位按钮让机器人继续工作。

5）关闭机器人电源前，不用按外部急停按钮，可以直接关闭机器人电源。

6）当发生故障或报警时，应把报警代码和内容记录下，并提供给技术人员。

6.3 环境保护

工业机器人在日常的维护检修或故障处理时，都会产生一些废弃的工业垃圾，因而做好工业垃圾的处理与回收也是预防安全事故发生的重要手段之一。工业垃圾主要包括以下种类：

1）现场服务产生的危险固体废弃物。

3）废工业电池、废电路板。

3）废润滑油、废油脂、废油桶。

4）油回丝或抹布。

5）损坏的零件。

6）包装材料。

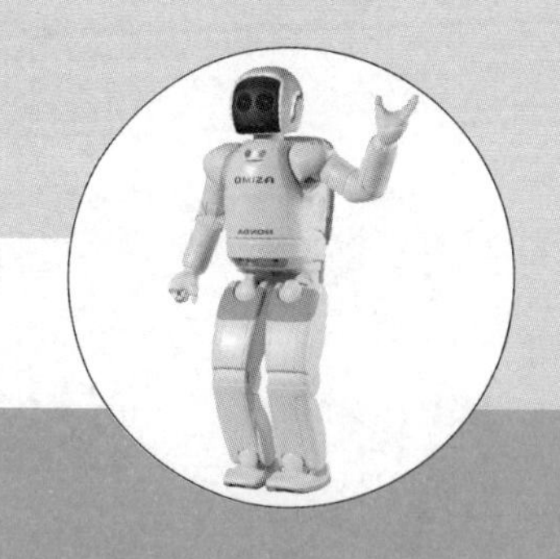

项目7 工业机器人技能人员的培训

随着汽车工业的快速发展，机器人在汽车制造工业中被广泛应用。有效地培养适合自身发展的机器人技术人才，提高员工技能素质，已成为企业长远发展的基础。

7.1 基础培训模块

基础培训模块着重从基础知识入手，使每位学员基本了解机器人的运行方式、坐标系的建立和简单轨迹的编辑，培养学员对工业机器人的感性认识。通过实际操作和练习，提高员工的动手能力以及对空间位置关系的理解。

1. 培训对象

培训对象为车间一线机器人操作人员、机器人设备维护人员以及机器人工程师。

2. 培训目的

使学员基本掌握机器人操作、简单程序的编辑，能根据空间位置关系建立相应的机器人程序并进行修改。

3. 培训内容

培训内容是根据培训教具的形状编辑机器人程序，建立机器人空间运行的直线和圆弧运行轨迹。

4. 培训教具

基础培训教具包括 KUKA 机器人本体及控制器、培训台、示教工具，如图 7-1 所示。

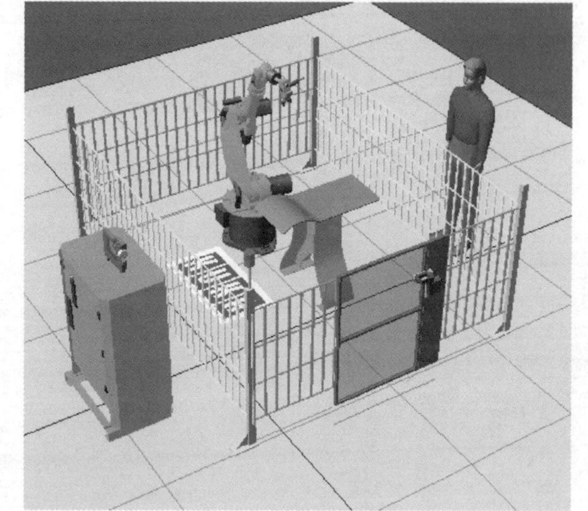

图 7-1 基础培训教具

5. 培训工艺流程

（1）工艺流程概述　机器人在 HOME 点或安全位置起动，以关节插补方式运行到接近培训台的安全点和直线运行的起点，然后用直线插补运行直线轨迹，用圆弧插补运行圆弧和曲线轨迹，最终机器人以直线插补方式回到直线运行起点，以关节插补回到 HOME 点，完成作业。

（2）工艺流程机器人实际操作步骤

1）机器人在 HOME 点起动，如图 7-2 所示。

2）机器人运行到接近起点作业位，如图 7-3 所示。

3）机器人运行到起点，如图 7-4 所示。

图 7-2　机器人在 HOME 点起动

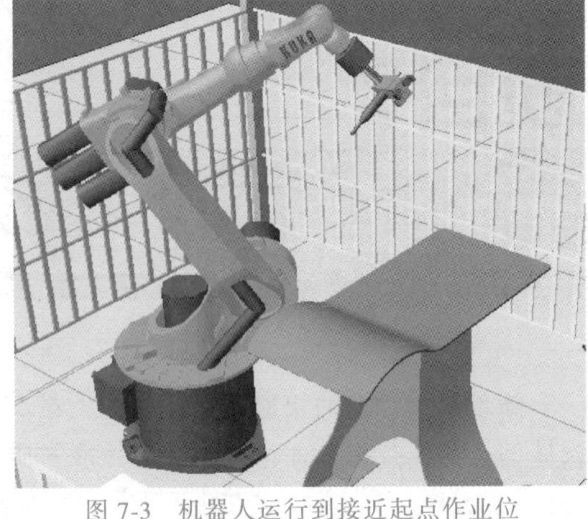

图 7-3　机器人运行到接近起点作业位

4）机器人直线运行，如图 7-5 所示。

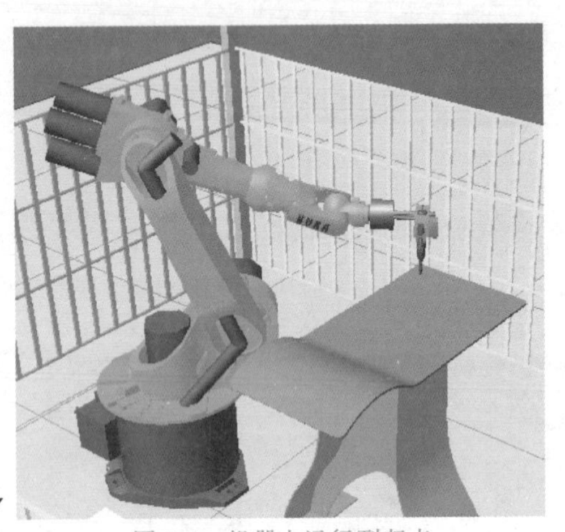

图 7-4　机器人运行到起点

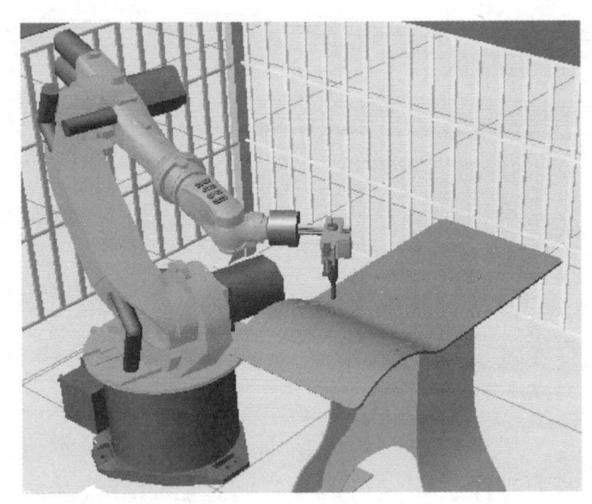
图 7-5　机器人直线运行（一）

5）机器人圆弧运行，如图 7-6 所示。

6）机器人圆弧运行结束，如图 7-7 所示。

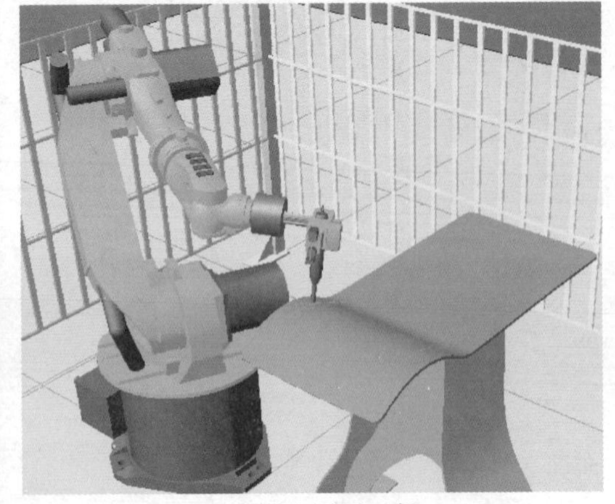
图 7-6　机器人圆弧运行（一）

图 7-7　机器人圆弧运行结束（一）

7）机器人直线运行，如图 7-8 所示。

8）机器人圆弧运行，如图 7-9 所示。

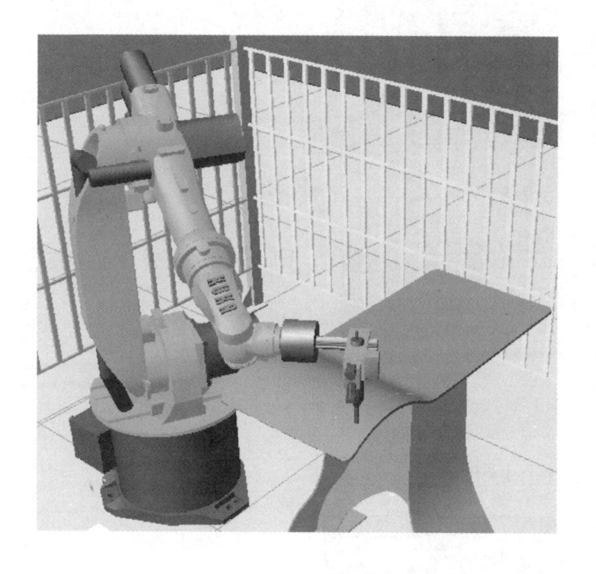

图 7-8 机器人直线运行（二）

图 7-9 机器人圆弧运行（二）

9）机器人圆弧运行结束，如图 7-10 所示。

10）机器人直线运行，如图 7-11 所示。

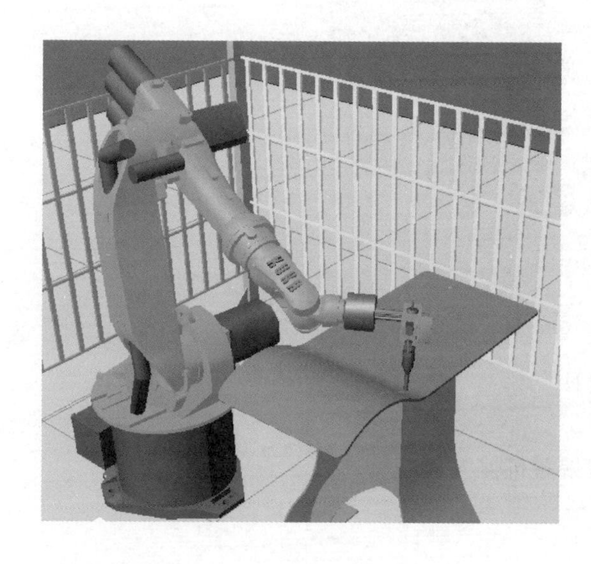

图 7-10 机器人圆弧运行结束（二）

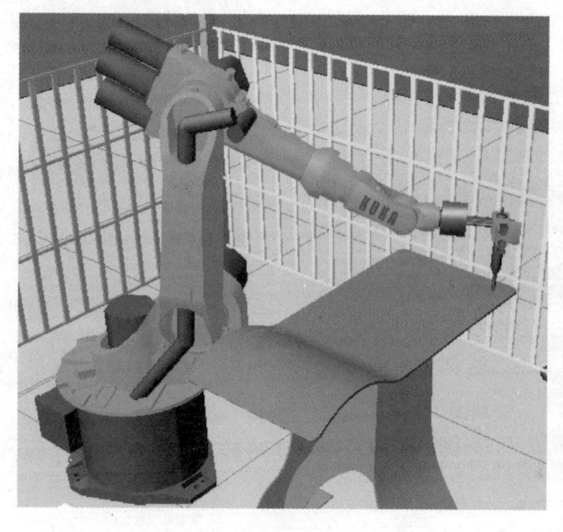

图 7-11 机器人直线运行（三）

11）机器人直线运行结束并与起点重合，如图 7-12 所示。

12）机器人回到安全位置，如图 7-13 所示。

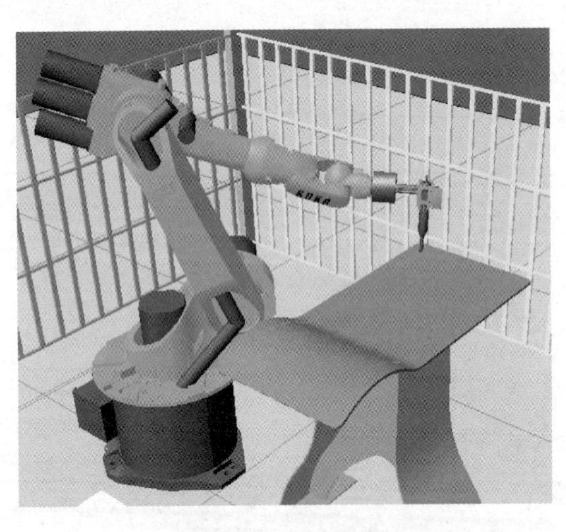

图 7-12　机器人直线运行结束并与起点重合

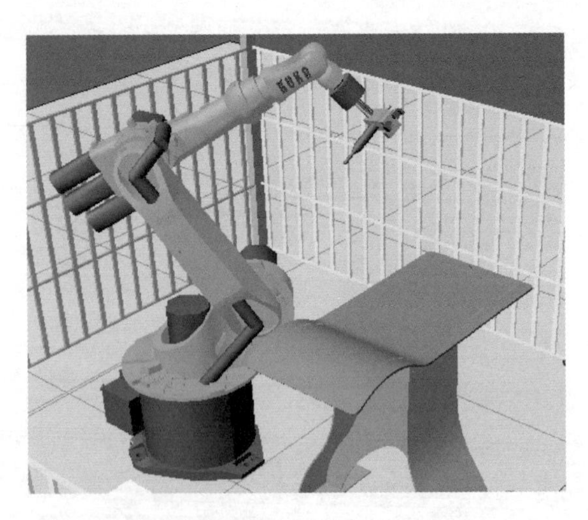

图 7-13　机器人回到安全位置

13）机器人回到 HOME 点，作业完成，如图 7-14 所示。

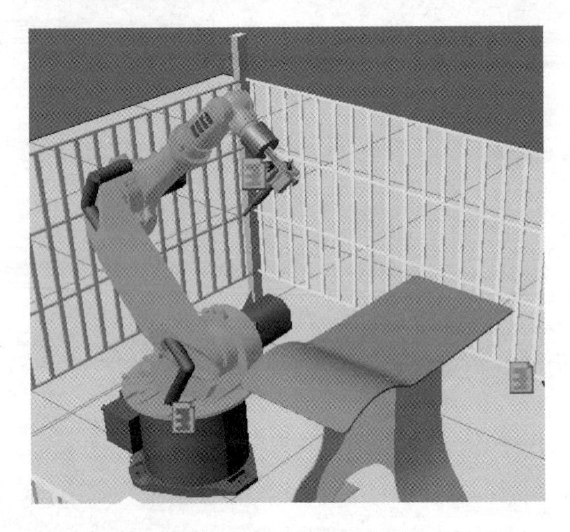

图 7-14　机器人回到 HOME 点，作业完成

6. 培训考核方式

培训考核方式分为理论考核与实操考核两种。

理论考核内容为机器人基本理论分析。

实操考核内容为按照教师指定的工艺流程编写机器人程序。

7.2　高级培训模块

高级培训模块着重提高学员的机器人应用能力，掌握机器人与外围设备之间的 I/O 通信，并按照工艺要求完成指定工艺流程。同时，培养学员对小型工作站以及自动化生产线的理解能力及设计思维，并通过实际的操作练习提高动手能力。

1. 培训对象

培训对象为机器人工程师、高级维修人员、工艺设计人员。

2. 培训目的

通过对小型工作站的设计，使学员掌握机器人与外围设备之间的控制逻辑关系并提高机器人的应用水平。

3. 培训内容

培训内容为设计焊接机器人与搬运机器人之间的动作配合，完成小型工作站控制逻辑，实现工件的焊接、下料与传输。

4. 培训教具

高级培训教具包括 KUKA 弧焊机器人及控制系统 1 套、KUKA 搬运机器人及控制系统 1 套、工作台 1 个、焊接工件若干、PLC 控制系统 1 套（S7-300/400）、操作盒 1 个、传送装置 1 套、安全光栅及安全系统根据现场需求而定。高级培训教具如图 7-15 所示。

图 7-15　高级培训教具

5. 培训工艺流程

（1）培训工艺流程概述

1）操作人员人工上件。

2）检查机器人 HOME 点位置。

3）触发操作盒按钮，起动工作站。

4）弧焊机器人进行工件焊接，焊接完成后回到 HOME 点。

5）搬运机器人将焊接完成件运送到传送装置，回到 HOME 点。

6）传送带将工件运送到人工下件位置。

7）人工下件，工作完成。

（2）工艺流程机器人实际操作步骤

1）弧焊机器人起动焊接程序，如图 7-16 所示。

2）弧焊机器人运行焊接程序，如图 7-17 所示。

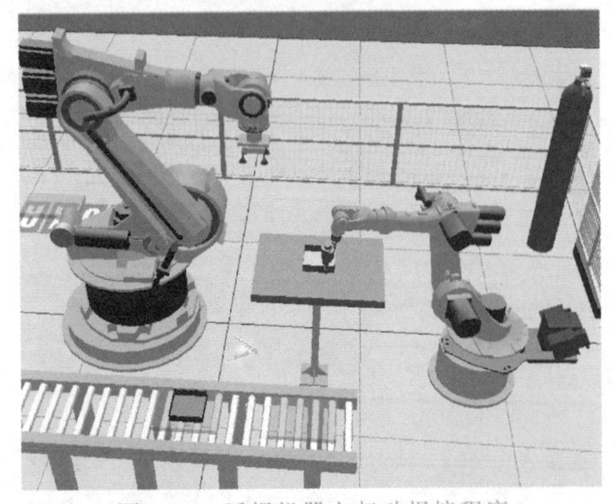

图 7-16　弧焊机器人起动焊接程序

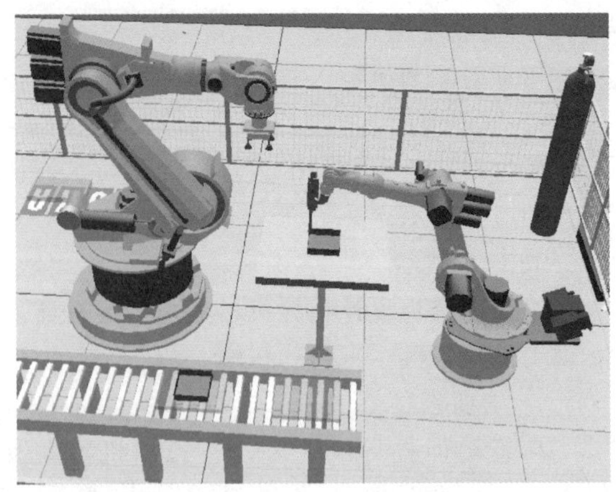

图 7-17　弧焊机器人运行焊接程序

3）焊接完成后，搬运机器人运行，如图 7-18 所示。

4）搬运机器人搬运工件，如图 7-19 所示。

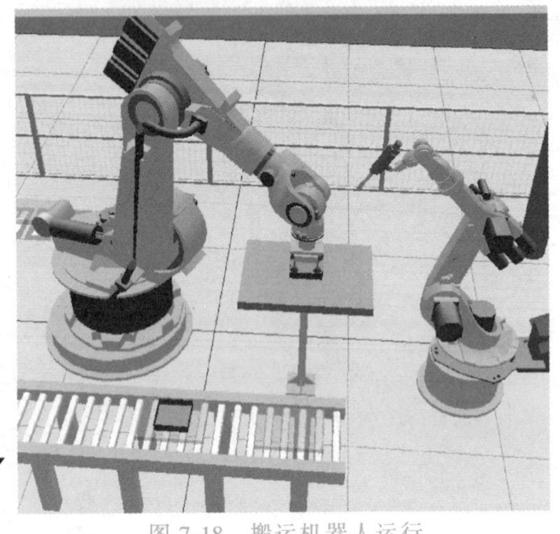

图 7-18　搬运机器人运行

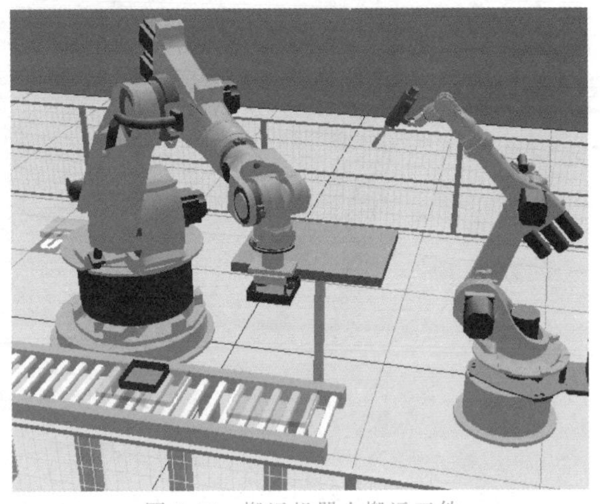

图 7-19　搬运机器人搬运工件

5）搬运机器人搬运工件到传送带，如图 7-20 所示。

6）传送带运送工件到人工下料位置，如图 7-21 所示。

图 7-20　搬运机器人搬运工件到传送带

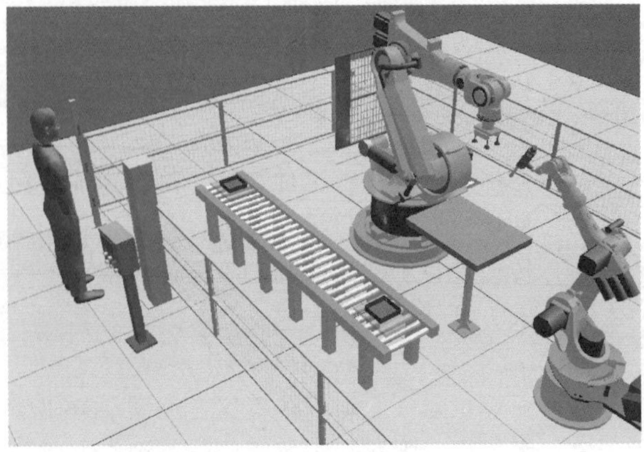

图 7-21　传送带运送工件到人工下料位置

6. 培训考核方式

培训考核方式分为理论考核与实操考核两种。

理论考核内容包括工艺过程设计、设备选型及控制逻辑分析。

实操考核内容为按照教师要求完成工艺过程设计，并现场演示。

7.3 培训晋升体系

机器人模块的培训应遵循循序渐进的培训方式，充分考虑实际生产过程中员工的岗位需求、知识层次以及理解能力，避免培训资源的浪费。图 7-22 所示为 KUKA 机器人培训晋升体系（本体系只是举例，在实际培训过程中可根据需求变更培训构架）。KUKA 的晋升等级分为 3 个级别，从低到高分别为 A 等、B 等和 C 等，每晋升一个级别都需参加相应的课程培训并通过考核。

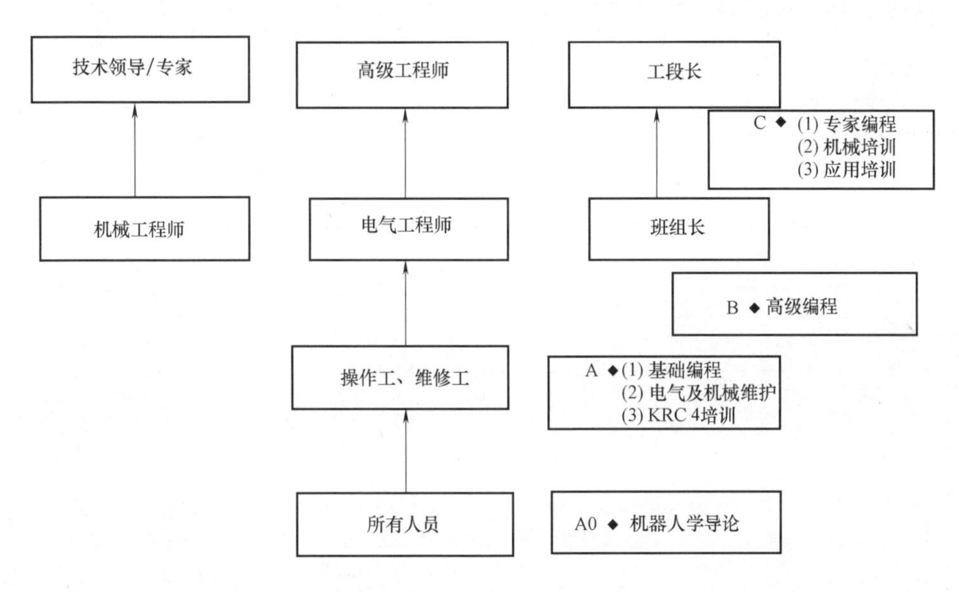

图 7-22 KUKA 机器人培训晋升体系

1. 初级培训

（1）培训对象

培训对象为操作工和维修工。

（2）培训目的

1）熟练使用 KUKA 机器人并可进行简单的编程操作。

2）能处理故障。

3）负责项目中机器人操作的主要工作。

（3）培训内容

培训内容包括基础编程、KRC4 培训、电气及机械维护。

2. 高级培训

（1）培训对象

培训对象为机械工程师、电气工程师和班组长。

（2）培训目的

1）深入了解整个 KUKA 机器人体系。

2）可独立完成包括系统配置在内的项目开发端所需要的工作。

（3）培训内容

培训内容为高级编程。

3. 专家级培训

（1）培训对象

培训对象为技术领导/专家、高级工程师和工段长。

（2）培训目的

1）编程知识、技能的扩展和深入。

2）执行复杂的机器人编程指令。

3）非常好地掌握机器人维护保养工作。

4）可高效地解决项目中所碰到的故障问题。

（3）培训内容

培训内容包括专家编程、机械培训和应用培训。

参考文献

[1] 吴振彪，王正家．工业机器人［M］．武汉：华中科技大学出版社，2006.
[2] 林尚扬，陈善本，李成桐．焊接机器人及其应用［M］．北京：机械工业出版社，2000.
[3] 克雷格．机器人学导论［M］．负超，王伟，译．4版．北京：机械工业出版社，2018.
[4] 丁学恭．机器人控制研究［M］．杭州：浙江大学出版社，2006.
[5] 蔡自兴，谢斌．机器人学［M］．2版．北京：清华大学出版社，2015.
[6] 郭洪红．工业机器人技术［M］．2版．西安：西安电子科技大学出版社，2012.